W0293849

Mathe 2

Durchblick mit Tessa Tinte

Grundlagen festigen – Neues sicher lernen

Erarbeitet von:

Laura Marie Geupel

Stefanie Werning

Mildenberger

Inhaltsverzeichnis

Vorwort 3

Zahlen und Zahlraumvorstellungen

Zählen 5
Bündeln 11
Zahlvergleiche 17
Runden 24

Grundrechenarten

Addition 26
Subtraktion 36
Einführung Multiplikation 46
Malaufgaben 50
Einführung Division 54
Geteiltaufgaben 57

Größen

Längen 60
Zeit 63
Geld 67

Geometrie

Formen und Figuren 72
Körper 76
Bandornamente und Parkettierungen 81
Symmetrien 84

Zahlen, Daten, Wahrscheinlichkeiten

Daten 88
Wahrscheinlichkeiten 93

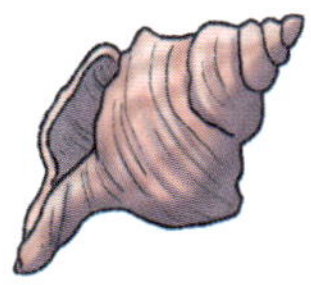

Vorwort

Das Üben und Wiederholen von Lerninhalten ist für alle Kinder wichtig.
Viele Unterrichtsinhalte bauen auf bereits Gelerntem auf.

Teilweise wurden Lerninhalte aber nicht richtig verstanden oder nach längeren Zeiträumen wieder vergessen. Dies kommt häufig nach Unterbrechungen durch Projektwochen, Ferien, Klassenfahrten oder Krankheit vor.

Um Wissenslücken zu schließen und ein gewinnbringendes Üben zu ermöglichen, wurden die Aufgaben so gewählt, dass der aktuelle Lerninhalt mit dem Vorwissen der Vorjahrgangsstufe verbunden wird. Die Kinder können ihr Wissen aus der Vorjahrgangsstufe vorab testen und auffrischen. Anschließend werden die aktuellen Inhalte kleinschrittig erarbeitet und in passenden Schwierigkeitsstufen geübt.

Kapitelaufbau

Jedes Kapitel, in dem ein Bezug zur Vorjahrgangsstufe hergestellt werden kann, wird in drei Bereiche gegliedert. Begonnen wird mit der **Testseite**. Hier werden bekannte Lerninhalte aus der Vorjahrgangsstufe abgefragt, um den aktuellen Lernstand zu ermitteln. Neben jeder Aufgabe findet sich ein Tipp, welcher auf den bzw. die entsprechenden Merkkästen der folgenden Seiten verweist, die die Thematik der Aufgabe noch einmal von Grund auf erläutern.

Auf den folgenden **Hinweisseiten** werden die Inhalte der Testseite und Vorjahrgangsstufe Schritt für Schritt erklärt und wiederholt.

Auf den abschließenden **Vertiefungsseiten** wird das Thema weiter fortgeführt, vielfältig geübt und so routiniert.

Sollte zu einem Thema kein Bezug zum Vorjahr vorhanden sein, beginnt das Kapitel direkt mit den Vertiefungsseiten.

Hinweisseite

Testseite

Vertiefungsseite

Anforderungsbereiche

Diese sind durch die Punkte vor der Aufgabennummerierung gekennzeichnet:

- 1 Reproduzieren
- 2 Zusammenhänge herstellen
- 3 Verallgemeinern und Reflektieren

Aufgabensymbole

Die nachfolgenden Symbole kennzeichnen entweder Aufgabentypen oder Teile von Aufgaben, da diese besonders wichtig sind:

- Sachaufgabe
- Merke
- Tipp

Smileys

Bei jeder Aufgabe auf den Testseiten kann die individuelle Leistung durch einen Smiley bewertet und so der eigene Lernstand reflektiert werden.

Stickerbogen

Nach jeder bearbeiteten Vertiefungsseite wird der passende Belohnungssticker auf der letzten Seite des Heftes ins Wimmelbild geklebt. Außerdem gibt es Schmucksticker, die frei verwendet werden können, um beispielsweise das Heft zu verzieren.

Lösungsheft

Das Lösungsheft zeigt alle Seiten des Arbeitsheftes verkleinert mit ausgefüllten Lösungen. Es ist herausnehmbar und ermöglicht dadurch eine optimale Selbstkontrolle. Aufgaben, die mit einem Sternchen * versehen sind, können individuell gelöst werden (Individuelle Lösung) – es wird deshalb also kein Lösung vorgegeben. Aufgaben mit zwei Sternchen ** haben mehrere Lösungen, beispielhaft ist eine davon aufgeführt (Beispiellösung).

Nebenrechnungen

In einigen Aufgaben kann es sinnvoll sein, bei Bedarf eine schriftliche Nebenrechnung durchzuführen. Diese kann auf einem separaten Notizpapier gerechnet werden.

1 Was gehört zusammen? Verbinde.

Tipp zum Lösen der Aufgabe: Merkkasten 1 „Zahldarstellung“

a 6 •  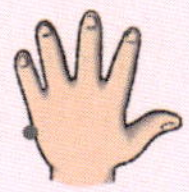

b 1 •  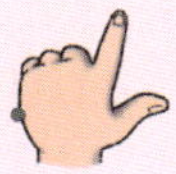

c 5 •  

d 2 •  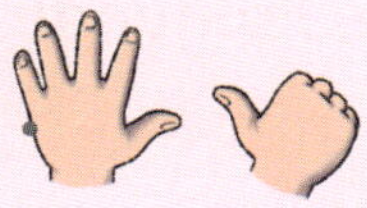

2 Zähle die Gegenstände und ergänze die Tabelle.

Tipp zum Lösen der Aufgabe: Merkkasten 1 „Zahldarstellung“

	Gegenstand	Strichliste
a		
b		
c	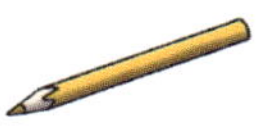	

3 Schreibe als Zahl.

Tipp zum Lösen der Aufgabe: Merkkasten 2 „Zahlen richtig schreiben“

a 12 = ____ b 17 = ____ c 8 = ____

d 1 = ____ e 13 = ____ f 19 = ____

g 14 = ____ h 2 = ____ i 11 = ____

1 Zahldarstellung

Wenn du eine Menge von etwas zählst, kannst du die Anzahl unterschiedlich darstellen:

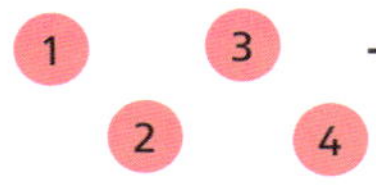

→ Es sind insgesamt 4 Plättchen.

Strichliste

||||

Fingerbild

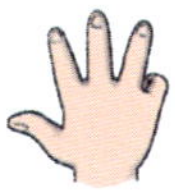

Zehnerfeld

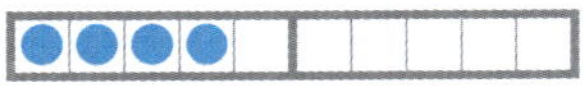

Würfel (Augenzahl)

ⓘ **Kraft der 5:** Die Zahl 5 hilft dir, größere Mengen auf einen Blick zu erkennen. Folgende Markierungen musst du dir merken:

Querstrich

dicker Trennstrich/Fünferstreifen

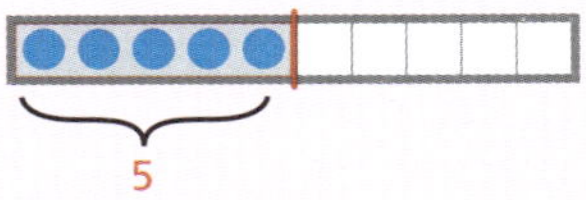

1 Male die angegebene Anzahl in das Kästchen.

a

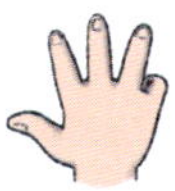 Sterne

b

 Blumen

c

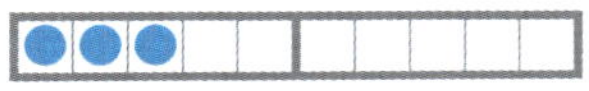 Stifte

2 Ergänze die Tabelle.

	Bild	Strichliste	Würfelbild	Zehnerfeld
a	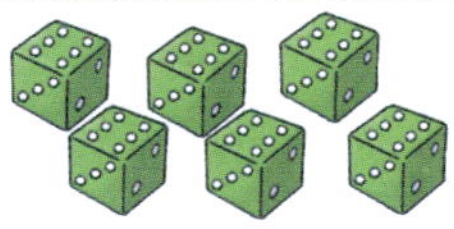			
b		|||		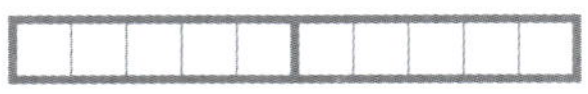
c				
d				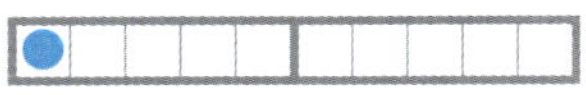

2 Zum Teil sind mehrere Lösungen möglich.

3 Schaue dir das Unterwasserbild genau an. Ergänze die Tabelle.
💡 Achte auf die Kraft der 5.

	Unterwassertier	Strichliste	Zwanzigerfeld	Anzahl
a				
b				
c				

2 Zahlen richtig schreiben

Du kennst schon die Zahlen von 0 bis 20. Um die passenden Zahlwörter richtig schreiben zu können, ist es wichtig, dass du die Ziffern von 0 bis 9 schreiben kannst.

Zahl	Zahlwort
0	null
1	eins
2	zwei
3	drei
4	vier

Zahl	Zahlwort
5	fünf
6	sechs
7	sieben
8	acht
9	neun

4 Schreibe als Zahlwort.

a 3 = drei
b 14 = ______
c 20 = ______
d 16 = ______
e 0 = ______
f 5 = ______

Zahlendarstellung

Du kannst die Zahlen bis 100 darstellen:

□ Hunderter | Zehner . Einer

1 Ergänze die Tabelle.

	Zahldarstellung	Zahl
a		43
b		77
c		36

2 Stelle die Zahl dar.

a 34 = ||| ....

b 100 =

c 80 =

d 92 =

Zahlwörter

Du kannst jede Zahl als Ziffern (Beispiel: 25) und als Zahlwort schreiben.

Zahlwörter richtig schreiben

Schritt 1: Lies die Zahl und sprich sie laut aus.

„25“

Schritt 2: Achte jetzt besonders darauf, wann du die Zehner und die Einer aussprichst.

→ zuerst Einer: „fünf“
→ dann Zehner: „zwanzig“

Schritt 3: Schreibe das Zahlwort so auf, wie du es ausgesprochen hast: erst die Einer, dann die Zehner. Zwischen den Einern und Zehnern steht ein „und“.

25 = fünfundzwanzig
→ Einer zuerst

(!) Schreibst du die Zahl als Ziffern, ist es genau umgekehrt: erst die Zehner, dann die Einer.

25
→ Zehner zuerst

3 Schreibe als Zahlwort. Notiere die Einer rot und die Zehner blau.

a 25 = fünfundzwanzig
b 63 = ______
c 88 = ______
d 97 = ______
e 42 = ______
f 36 = ______

4 Lies die Zahlwörter und suche die passende Zahl bei den Tieren.

a Trage die Zahl in die Tabelle ein und notiere unten den Buchstaben.
Wie heißt das Lösungswort?

	Zahl	Zahlwort
1		sechsundvierzig
2		dreiunddreißig
3		zweiundsiebzig
4		vierzig
5		siebenundsechzig

Lösungswort: ☐ ☐ ☐ ☐ ☐
1 2 3 4 5

b Das vierte Zahlwort ist besonders. Was unterscheidet dieses Zahlwort von den anderen?

______

Besondere Zahlwörter

In folgenden Zahlwörtern gibt es kein „und“:

- alle Zehnerzahlen — zehn, zwanzig, dreißig …
- alle Zahlwörter bis „zwanzig“ — dreizehn, vierzehn …

(!) 100 = einhundert

5 Notiere fünf besondere Zahlwörter, die nicht im Merkkasten stehen.

______

4 Zum Teil sind mehrere Lösungen möglich.
5 Mehrere Lösungen sind möglich.

Zahlenstrahl

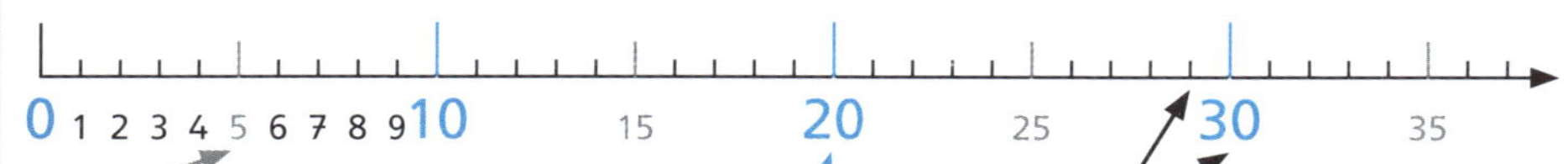

Jede Zahl wird einem Strich zugeordnet: Die Fünfer- und Zehnerzahlen bekommen größere Striche zur besseren Orientierung.

Zwischen zwei benachbarten Zahlen ist der Abstand immer gleich groß.

Auf einem Zahlenstrahl werden die Zahlen der Größe nach geordnet.

(!) Je weiter rechts die Zahlen stehen, umso größer sind sie.

6 Beschrifte den Zahlenstrahl.

a

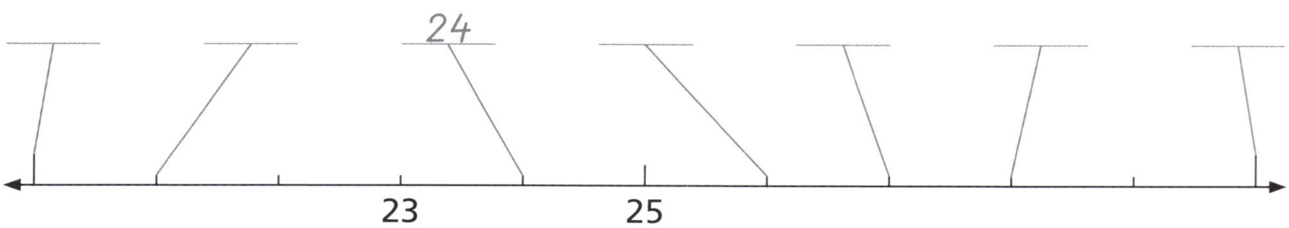

b

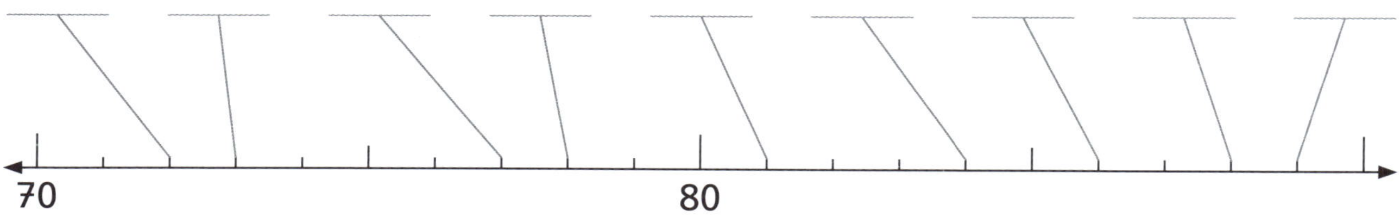

c

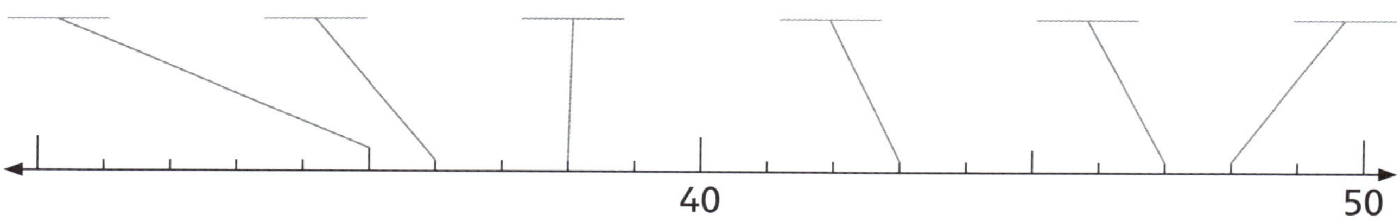

Ich kann jetzt …	✓
… Zahlen richtig darstellen.	○
… Zahlwörter richtig bilden und schreiben.	○
… Zahlen auf dem Zahlenstrahl verorten.	○

1 Male immer 5 Seesterne in der gleichen Farbe an.
Wie viele sind es insgesamt? Zähle mithilfe einer Strichliste.

Tipp
zum Lösen der Aufgabe: Merkkasten 1 „Die Kraft der 5“

Anzahl Seesterne: ____________

2 Male für jede Muschel ein Plättchen in das Zehnerfeld.
Wie viele sind es? Schreibe die Anzahl auf.

Tipp
zum Lösen der Aufgabe: Merkkasten 1 „Die Kraft der 5“

Anzahl Muscheln: ______

3 Zerlege die Zahl in ihre Stellenwerte.

Tipp
zum Lösen der Aufgabe: Merkkasten 2 „Stellenwerte“

a 5 → ____ Zehner und ____ Einer

b 11 → ____ Zehner und ____ Einer

c 13 → ____ Zehner und ____ Einer

d 20 → ____ Zehner und ____ Einer

4 Wie heißt die Zahl? Bündele immer 10 und trage ein.

Tipp
zum Lösen der Aufgabe: Merkkasten 3 „Bündeln im Zahlenraum bis 20“

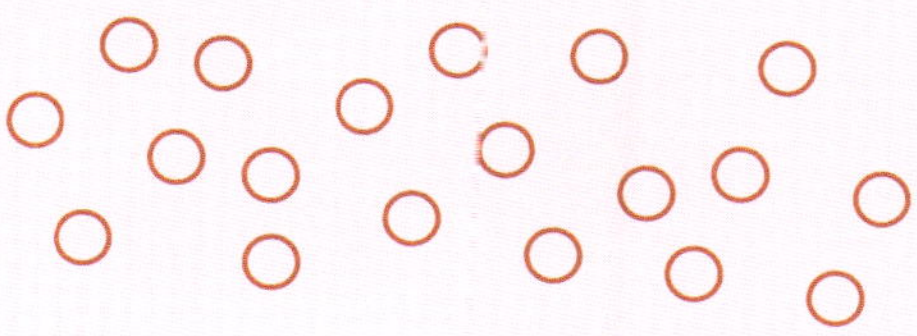

Z	E

1 Zum Teil sind mehrere Lösungen möglich.

1 Die Kraft der 5

Bei kleineren Anzahlen hilft es dir, die Menge 5 schnell zu erkennen.

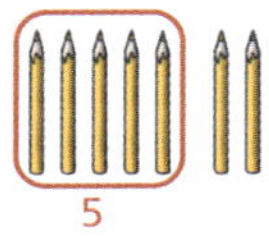

→ Strichliste

→ Zehnerfeld

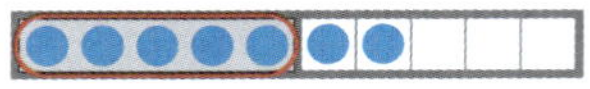

Damit du die Menge 5 nicht immer wieder neu abzählen musst, gibt es Markierungen:

Hier erkennst du die Menge 5 an dem **Querstrich**.

Hier erkennst du die Menge 5 an dem **dicken Mittelstrich** und am **Fünferstreifen**.

1 Wie viele sind es? Zähle und schreibe als Strichliste auf.

a

______ Seesterne

b

______ Quallen

c

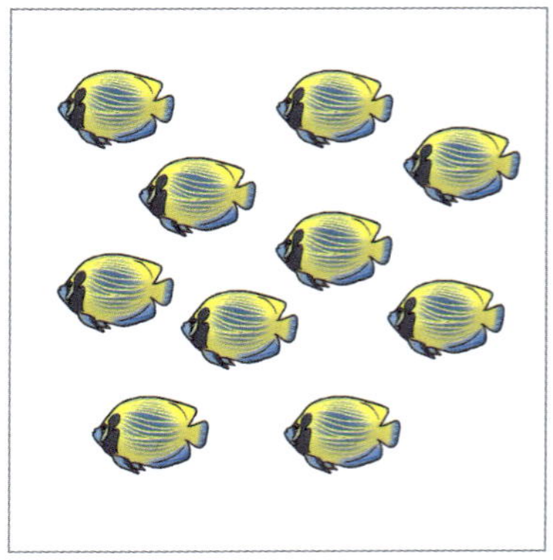

______ Fische

2 Schreibe die Anzahl auf.
Nutze die Kraft der 5.

a  __7__ Plättchen

b  ______ Plättchen

c  ______ Plättchen

d  ______ Plättchen

e 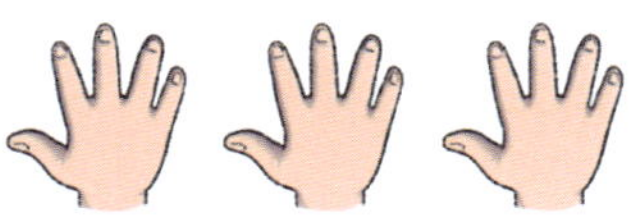 ______ Finger

f  ______ Striche

g  ______ Striche

3 Tessa Tinte und ihr Freund Toni haben Bilder von den Schildkröten gemalt.

a Auf welchem Bild kannst du schneller die Anzahl der Schildkröten erkennen? Kreuze an.

Tonis Bild:

○

Tessa Tintes Bild:

○

b Begründe deine Wahl.

____

____

____

____

2 Stellenwerte

Du weißt, dass Wörter aus einzelnen Buchstaben bestehen.
Genauso bestehen Zahlen aus einzelnen Ziffern. Es gibt insgesamt zehn verschiedene Ziffern:

(!) 0, 1, 2, 3, 4, 5, 6, 7, 8, 9

Je nachdem an welcher Stelle innerhalb der Zahl die Ziffer steht, hat sie einen anderen Wert. Der Wert einer Ziffer hängt also von ihrer Stelle innerhalb der Zahl ab.

(!) Man nennt die Position einer Ziffer innerhalb der Zahl „Stellenwert“.

Beispiel: die Zahl 18

Ganz rechts stehen die Einer bei einer Zahl. Links daneben stehen die Zehner.

→ Die Ziffer 8 hat in der Zahl 18 den Wert 8 Einer.
→ Die Ziffer 1 hat in der Zahl 18 den Wert 1 Zehner.

3 Zum Teil sind mehrere Lösungen möglich.

4 Zerlege die Zahl in ihre Stellenwerte.

a 12 = 1 Zehner und 2 Einer

b 15 = ____ Zehner und ____ Einer

c 9 = ____ Zehner und ____ Einer

d 20 = ____ Zehner und ____ Einer

5 Bilde aus den Ziffernkarten die größte und die kleinste zweistellige Zahl.

2 1

a Kleinste zweistellige Zahl: ____

b Größte zweistellige Zahl: ____

3 Bündeln im Zahlenraum bis 20

Bei größeren Anzahlen hilft es dir, zu bündeln: 10 Einer = 1 Zehner.

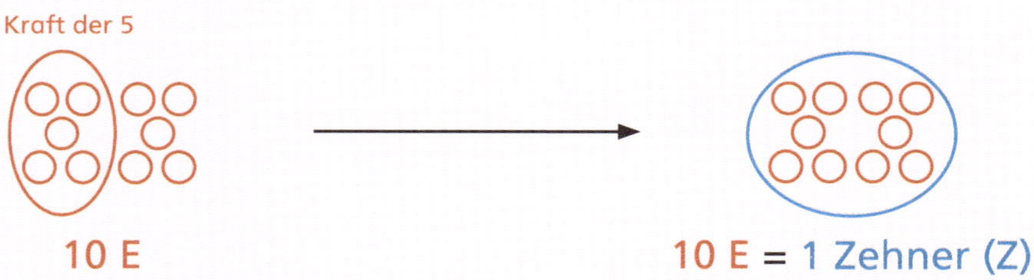

6 Bündele immer 10. Schreibe die Anzahl auf.

a

____

b

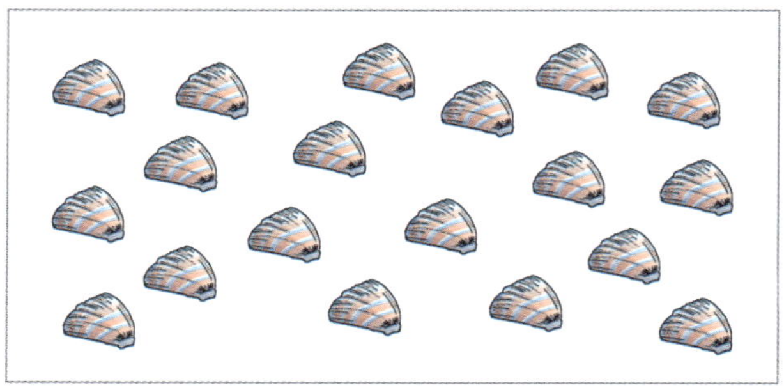

____

c

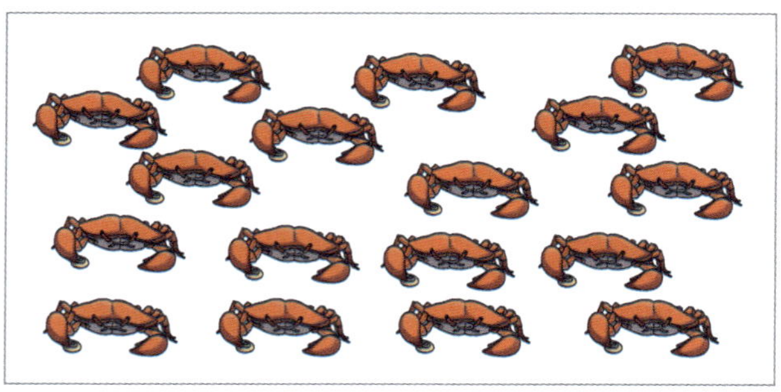

____

d

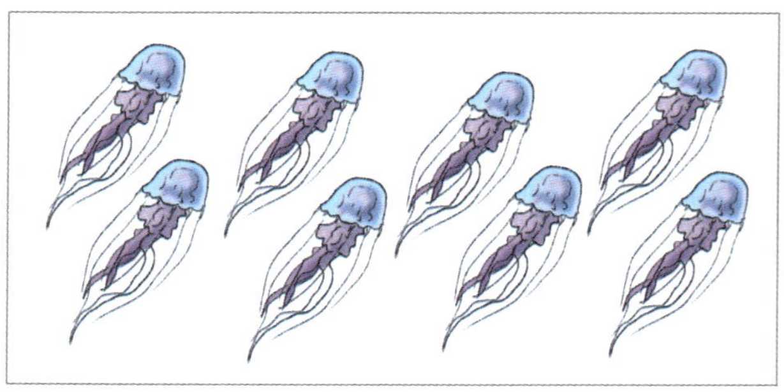

____

Bündeln im Zahlenraum bis 100

Auch im Zahlenraum bis 100 hilft dir das Bündeln dabei, Anzahlen schneller zu erkennen: 10 Zehner = 1 Hunderter.

(!) 1 Hunderter (H) = 10 Z = 100 E

1 Bündele immer 10. Schreibe die Anzahl auf.

a

____ Zehner und ____ Einer → ____

b

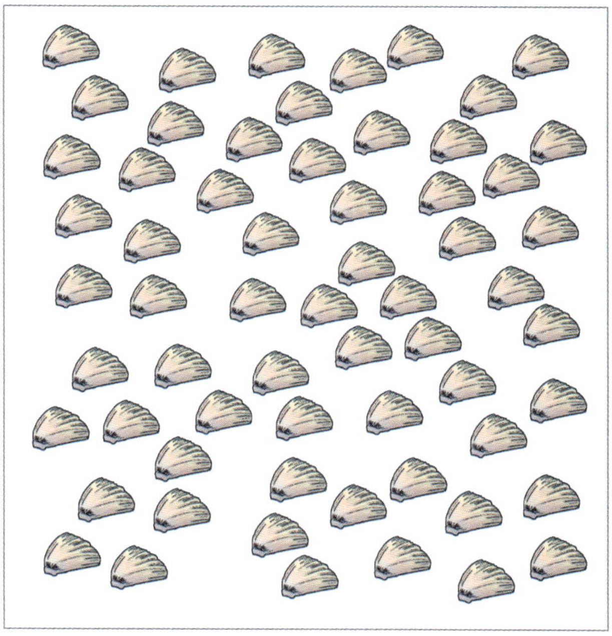

____ Zehner und ____ Einer → ____

c

____ Zehner und ____ Einer → ____

d

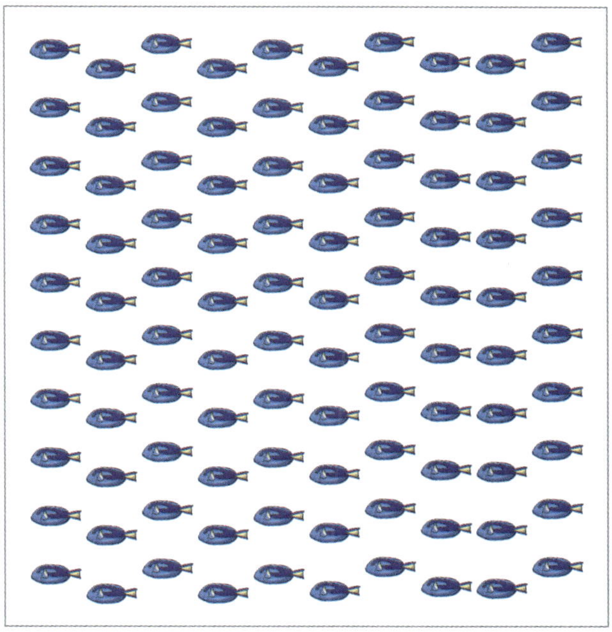

____ Zehner und ____ Einer

→ ____ Hunderter → ____

Stellenwerttafel

Die Stellenwerttafel hilft dir dabei, die Werte der Ziffern einer Zahl zu erkennen.

Zahl: 46

H	Z	E
	4	6

Die Zahl 46 besteht aus den Ziffern 4 und 6.
Die Ziffer 4 hat den Wert 4 Zehner. Die Ziffer 6 hat den Wert 6 Einer.

(!) Du trägst die Stellenwerte einer Zahl immer von rechts nach links in die Stellenwerttafel ein.

2 Wie heißt die Zahl? Bündele immer 10.
Trage die Zahl in die Stellenwerttafel ein.

a

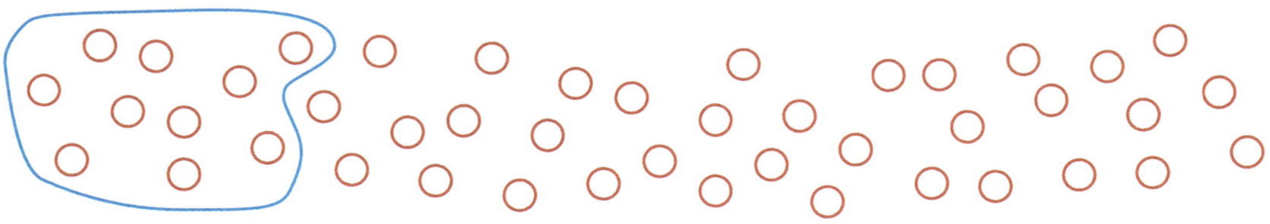

H	Z	E

b

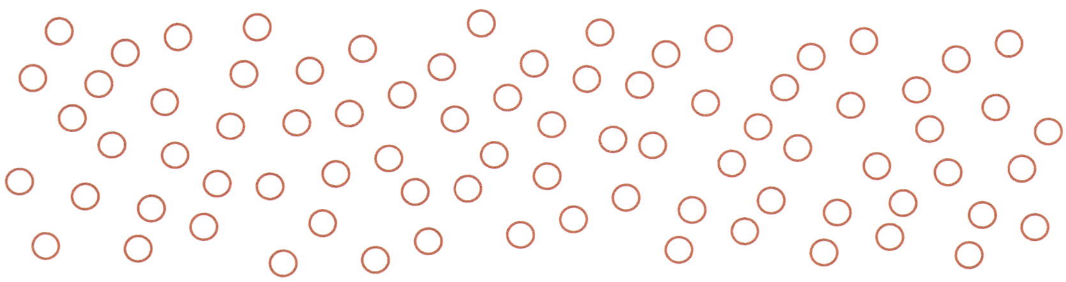

H	Z	E

3 Löse das Zahlenrätsel. Trage die Lösung in die Stellenwerttafel ein.

a Die Zahl hat 2 Einer. Die Zehnerziffer ist um 3 größer als die Einerziffer.

b Die Zahl hat 4 Zehner. Die Einerziffer ist halb so groß.

	H	Z	E
a			
b			

Ich kann jetzt …	✓
… die Kraft der 5 nutzen, um Anzahlen schnell zu erkennen.	○
… richtig bündeln.	○
… Zahlen in ihre Stellenwerte zerlegen und diese benennen.	○
… Zahlen richtig in eine Stellenwerttafel eintragen.	○

1 Schreibe die Zahlzerlegung auf. Bestimme die Gesamtmenge.

a ☐

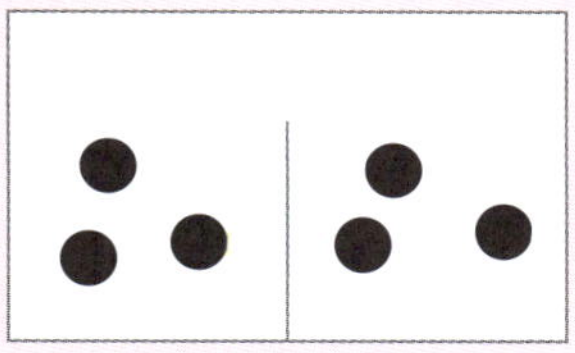

☐ ☐

b ☐

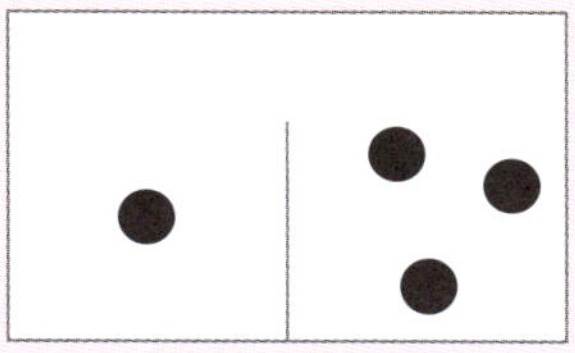

☐ ☐

c ☐

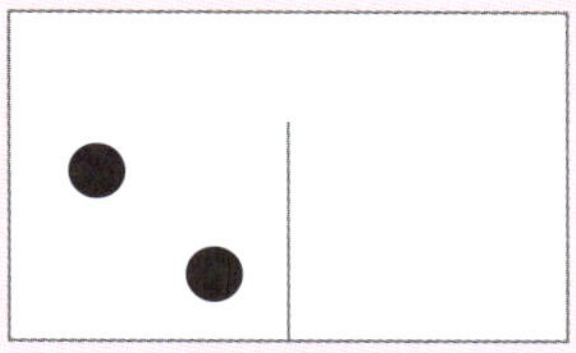

☐ ☐

Tipp zum Lösen der Aufgabe: Merkkasten 1 „Zahlzerlegungen" a

2 Ergänze die verliebten Zahlen.

a

b

c

Tipp zum Lösen der Aufgabe: Merkkasten 1 „Zahlzerlegungen" b

3 Ergänze das Zerlegungshaus.

a

2	
0	
1	
2	

b

5	
0	
	4
3	

c

8	
	2
	5
4	

Tipp zum Lösen der Aufgabe: Merkkasten 1 „Zahlzerlegungen" c

4 In welcher Reihenfolge erreichen die Tiere das Ziel? Nummeriere.

Tipp zum Lösen der Aufgabe: Merkkasten 2 „Ordnungszahlen"

5 Vergleiche die Zahlen. Ergänze die Zeichen >, < oder =.

a 4 ☐ 5 b 6 ☐ 6 c 10 ☐ 2

d 1 ☐ 2 e 7 ☐ 9 f 8 ☐ 8

Tipp zum Lösen der Aufgabe: Merkkasten 3 „Größer, kleiner, ist gleich"

1 Zahlzerlegungen

a Es gibt mehrere Möglichkeiten, Zahlen zu zerlegen. Du teilst eine Menge dabei immer in verschiedene Teilmengen auf.

Schüttelbox

Tessa Tinte hat eine Schüttelbox mit 5 Kugeln. Wenn sie die Box schüttelt, verteilen sich die Kugeln auf die zwei Seiten.

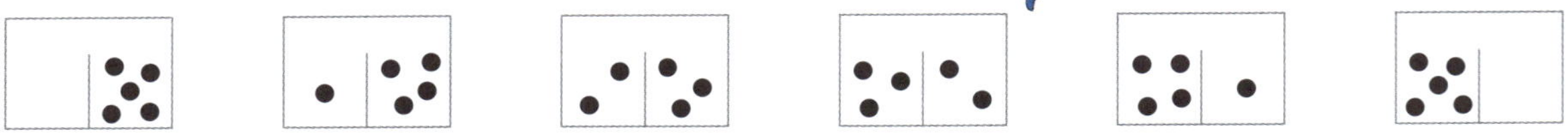

0 + 5 1 + 4 2 + 3 3 + 2 4 + 1 5 + 0

1 Zeichne die Zahlzerlegung ein, indem du Kugeln in die Schüttelbox malst.

a 5 b 7 c 4 d 3

2 Schreibe die Zahlzerlegung auf und bestimme die Gesamtmenge.

a b c d

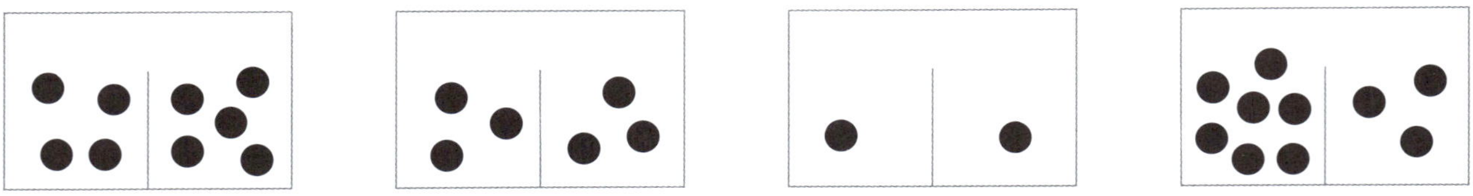

4 5

3 Kannst du alle Zahlzerlegungen der Zahl 4 finden? Zeichne sie ein.

① ② ③ ④ ⑤

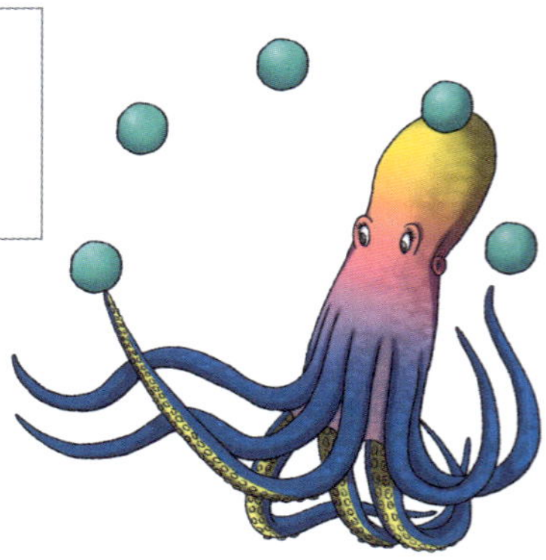

 1, 3 Mehrere Lösungen sind möglich.

b Verliebte Zahlen

Bei der Zerlegung der Zahl 10 helfen dir die verliebten Zahlen:
Zwei verliebte Zahlen ergeben zusammengerechnet immer 10.

$1 + 9 = 10$

4 Finde die verliebten Zahlen, die zusammen 10 ergeben.

a Male zusammengehörende Herzteile in derselben Farbe an.

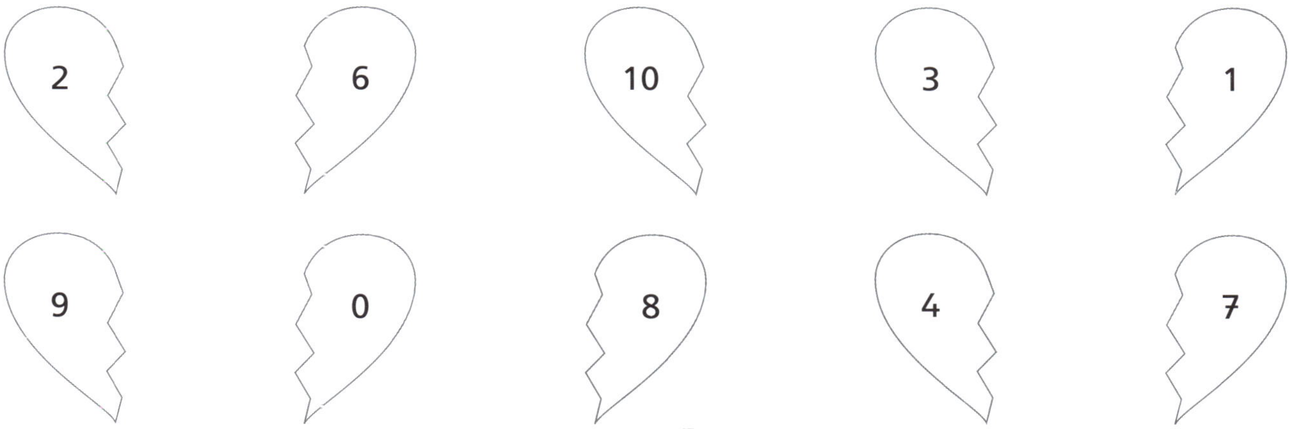

b Ein verliebtes Zahlenpaar wurde vergessen. Schreibe die fehlende Zerlegungsaufgabe der Zahl 10 in die beiden Herzhälften, die Tessa Tinte in ihren Tentakeln hält.

c Zerlegungshäuser

Jedes Zerlegungshaus besteht aus einem Dach und Stockwerken.

- Dach: Hier steht immer die Zahl, die zerlegt wird.
- Stockwerke: Jedes Stockwerk besteht aus zwei Zimmern. In jedem Zimmer wohnt eine Zahl. Beide zusammen ergeben die Dachzahl.

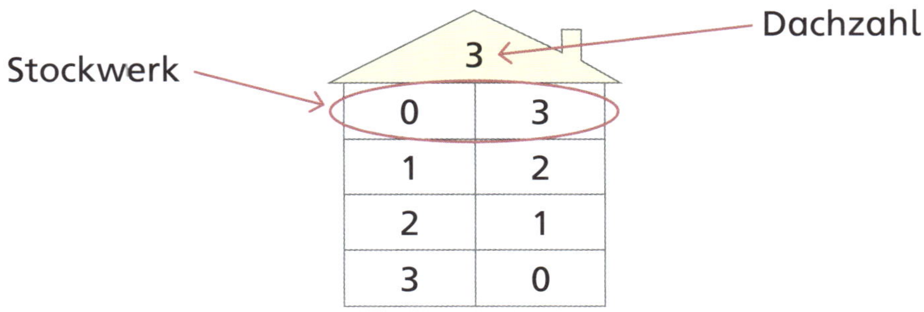

5 Ergänze das Zerlegungshaus.

a

5	
1	4
5	
	2
0	
2	

b

9	
	4
8	
	0
3	
	2

c

7	
	2
	1
4	
	0
3	

6 Bestimme die Dachzahl. Ergänze das Zerlegungshaus.

a

4	2
5	
	4
0	
3	
6	

b

	4
6	
5	3
	7
	1
0	

c

	2
1	
3	
8	
	5
4	6

d Wie hast du die Dachzahlen herausgefunden? Beschreibe.

2 Ordnungszahlen

Eine Ordnungszahl gibt an, an welcher Stelle sich jemand oder etwas befindet. Du kannst mit Ordnungszahlen also eine Reihenfolge bilden.

Tessa Tinte schwimmt an zweiter Stelle durch das Ziel.
Sie ist also Zweite.

(!) Hinter einer Ordnungszahl steht immer ein Punkt.

6 Zum Teil sind mehrere Lösungen möglich.

7 Ergänze die fehlenden Ordnungszahlen.

1. | 2. | ☐ | 4. | ☐ | ☐ | 7. | ☐

8 Male die Meerestiere an 2., 4. und 5. Stelle farbig an.

3 Größer, kleiner, ist gleich

Du kannst Zahlen auch miteinander vergleichen.
Dabei helfen dir folgende Zeichen:

größer als

ist gleich

kleiner als

(!) Das Krokodil frisst immer die größere Zahl.

9 Vergleiche die Zahlen. Ergänze die Zeichen >, < oder =.

a 12 [<] 14 b 11 [ ] 8 c 20 [ ] 19

d 7 [ ] 7 e 16 [ ] 10 f 13 [ ] 15

10 Ergänze die fehlende Zahl, sodass das Zeichen >, < oder = stimmt.

a 3 > [2] b [ ] > 14 c 20 = [ ]

d [ ] < 19 e 11 < [ ] f 8 < [ ]

10 Zum Teil sind mehrere Lösungen möglich.

Zahlen mit dem Zahlenstrahl vergleichen

Auf einem Zahlenstrahl werden Zahlen der Größe nach geordnet.
(!) Je weiter rechts eine Zahl auf dem Zahlenstrahl liegt, desto größer ist sie.

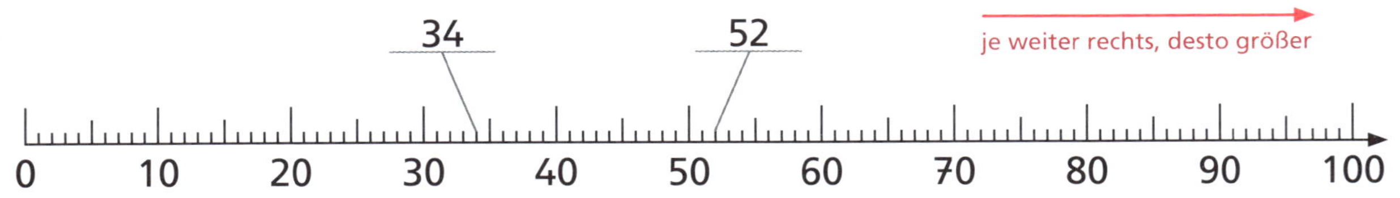

34 ist kleiner als 52 (34 < 52).
→ 34 steht weiter links auf dem Zahlenstrahl.

52 ist größer als 34 (52 > 34).
→ 52 steht weiter rechts auf dem Zahlenstrahl.

1 Wo liegen die Zahlen auf dem Zahlenstrahl?

a Verbinde.

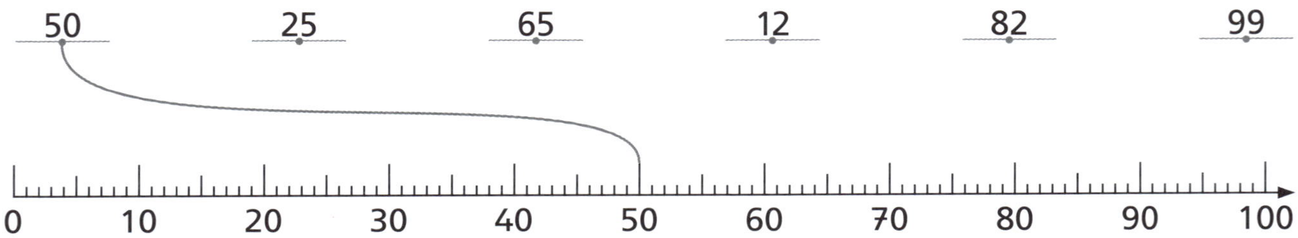

b Umkreise die größte Zahl rot.

c Umkreise die kleinste Zahl grün.

d Vergleiche zwei Zahlen aus **Teilaufgabe a** miteinander.
Verwende eines der Zeichen >, < oder =.

____

2 Welche Zahl liegt auf diesem Zahlenstrahl genau in der Mitte? Begründe.

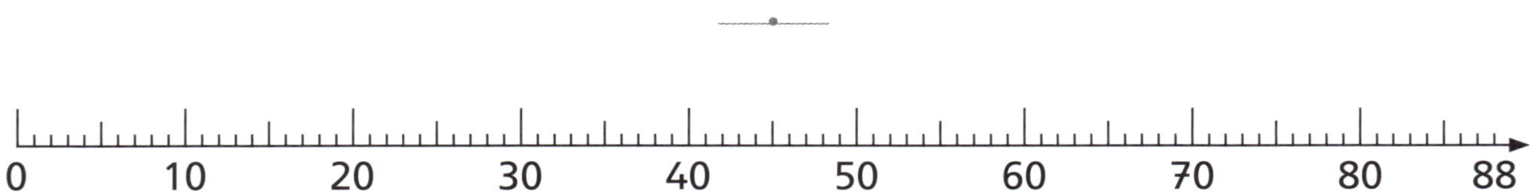

____

____

1, 2 Zum Teil sind mehrere Lösungen möglich.

Vorgänger, Nachfolger und Nachbarzehner

Vorgänger:
Die Zahl, die genau vor einer Zahl kommt.

(!) Es verändern sich die Einer.

Nachfolger:
Die Zahl, die genau nach einer Zahl kommt.

25 – 1 = 24 ← 25 → 25 + 1 = 26

Nachbarzehner:
Zehner: bleibt gleich
Einer: 0

(!) Der Nachbarzehner ist der Zehner vor oder nach der Zahl. Die Einer werden immer 0.

Nachbarzehner:
Zehner: + 1
Einer: 0

20 ← 25 → 30

3 Beschrifte den Zahlenstrahl.

a Notiere Vorgänger und Nachfolger auf dem Zahlenstrahl.

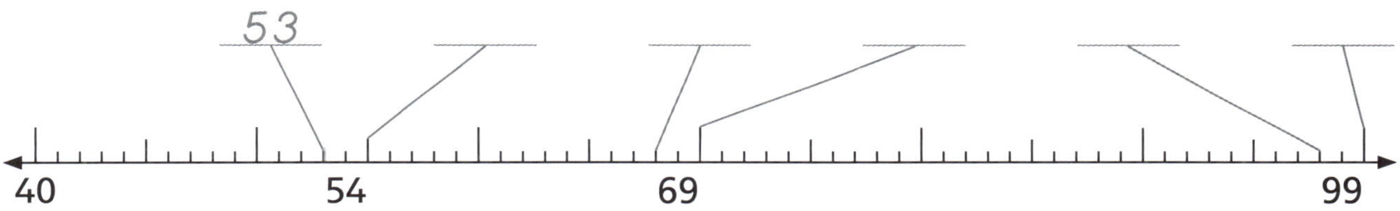

b Was ist das Besondere an dem Nachfolger der Zahl 99? Beschreibe.

____

4 Ergänze die Tabelle.

	Nachbarzehner	Zahl	Nachbarzehner
a		83	
b		50	

Ich kann jetzt …	✓
… Zahlen zerlegen (Schüttelbox, verliebte Zahlen, Zerlegungshäuser).	○
… mithilfe von Ordnungszahlen eine Reihenfolge bilden.	○
… Die Zeichen >, < und = richtig verwenden.	○
… Vorgänger, Nachfolger und Nachbarzehner einer Zahl bestimmen.	○

3 Zum Teil sind mehrere Lösungen möglich.

Anzahlen schätzen, zählen und runden

Manchmal brauchst du kein genaues Ergebnis, sondern es reicht eine ungefähre Angabe.

Schritt 1: Schätze zuerst die Anzahl der gesamten Menge.

Schritt 2: Zähle danach die gesamte Menge, um die genaue Anzahl herauszufinden.

Schritt 3: Runde danach die genaue Anzahl, um mit der Zahl einfacher rechnen zu können.

(!) Schätzen → Zählen → Runden

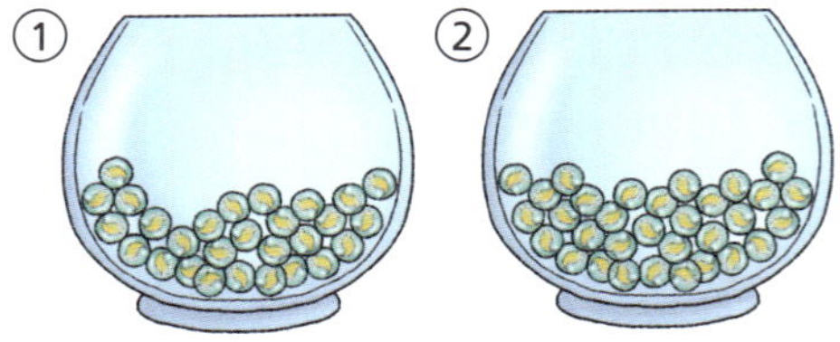

„Ich schätze, es sind 20 Murmeln in Glas 1 und 30 in Glas 2."

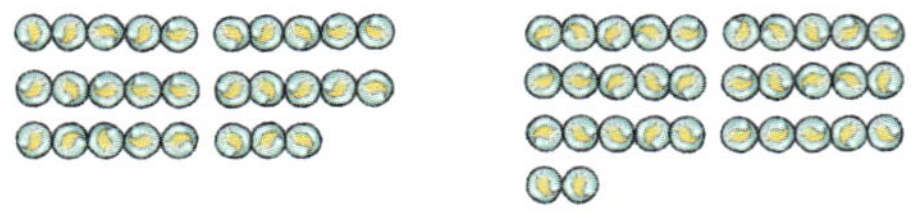

Inhalt-Glas 1: 28 ≈ 30

Inhalt-Glas 2: 32 ≈ 30

Wie viele Murmeln sind ungefähr in beiden Gläsern zusammen?
30 + 30 = 60

1 Wie viele sind es? Ergänze nacheinander die Spalten in der Tabelle: Schätze zuerst und zähle anschließend.

	Tier	geschätzte Anzahl	gezählte Anzahl	Stellenwerte	Zahlwort
a	Seesterne				
b	Fische				

1 Zum Teil sind mehrere Lösungen möglich.

Runden im Zahlenraum bis 100

Durch auf- oder abrunden von Zahlen, kannst du leichter mit ihnen rechnen. So gehst du beim Runden vor:

Schritt 1: Finde die Nachbarzehner.

Schritt 2: Welcher Nachbarzehner ist näher an deiner Zahl?

Schritt 3: Runde auf oder ab.

(!) Bei den Ziffern 0, 1, 2, 3 und 4 rundest du ab.
Bei den Ziffern 5, 6, 7, 8 und 9 rundest du auf. ↓ 0 bis 4 ↑ 5 bis 9

2 Bestimme beide Nachbarzehner.

a Welcher Nachbarzehner ist näher an der markierten Zahl? Umkreise ihn blau.

b Ergänze die Tabelle.

Nachbarzehner	Zahl	Nachbarzehner	Zahl gerundet
	44		

3 Unterstreiche die Einerstelle rot. Runde dann auf die Zehnerstelle.

a 41 ≈ 40 **b** 78 ≈ ____ **c** 22 ≈ ____ **d** 55 ≈ ____

e 72 ≈ ____ **f** 7 ≈ ____ **g** 85 ≈ ____ **h** 94 ≈ ____

4 Male die Felder blau an, die du auf 100 aufrunden kannst.

91	98	95	90	93	96	92	99

Ich kann jetzt …	✓
… schätzen, zählen und runden.	◯
… die Rundungsregeln nennen und richtig anwenden.	◯

1 Welche Aufgabe passt zu dem Bild? Verbinde.

a

b

3 + 4 = 7   7 + 4 = 11   4 + 7 = 11   4 + 3 = 7

Tipp
zum Lösen der Aufgabe: Merkkasten 1 „Plusaufgaben im Zahlenraum bis 20"

2 Berechne zuerst die kleine Aufgabe.

a 3 + 6 = ______
13 + 6 = ______

b 2 + 6 = ______
12 + 6 = ______

c 4 + 3 = ______
14 + 3 = ______

Tipp
zum Lösen der Aufgabe: Merkkasten 2 „Kleine und große Aufgaben" a und b

3 Löse die Plusaufgabe. Rechne erst bis zum Zehner und dann weiter.

a 5 + 8 =

b 7 + 4 =

c 8 + 6 =

Tipp
zum Lösen der Aufgabe: Merkkasten 3 „Bis zum Zehner, dann weiter"

4 Mit welchem Rechentrick kannst du die Aufgabe **5 + 7** geschickt lösen? Erkläre.

____
____
____
____
____
____

Tipp
zum Lösen der Aufgabe: Merkkasten 3 „Bis zum Zehner, dann weiter"

4 Mehrere Lösungen sind möglich.

1 Plusaufgaben im Zahlenraum bis 20

Eine Plusaufgabe beschreibt, dass zu einer vorhandenen Menge noch etwas dazukommt. Beim Plusrechnen verwendest du das Rechenzeichen + (plus).

Hier sind 3 Kinder. →	2 Kinder kommen dazu. →	Jetzt sind es 5 Kinder.
„drei"	„plus zwei"	„ist gleich fünf"
3	+ 2	= 5

1 Schreibe die passende Plusaufgabe zu dem Bild und rechne sie aus.

a 

5 + 2 = ______

b 

______

c 

______

2 Schreibe die passende Plusaufgabe zu dem Zehnerfeld und rechne sie aus.

a 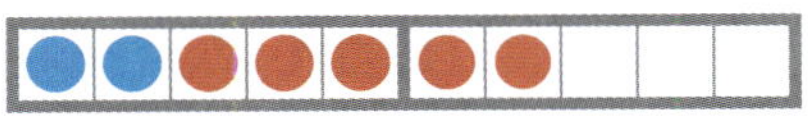

2 + 5 = ☐

b 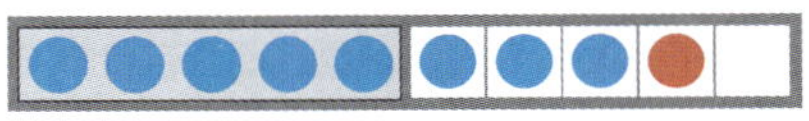

☐ + ☐ = ☐

c 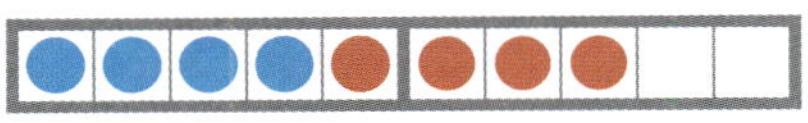

☐ + ☐ = ☐

d 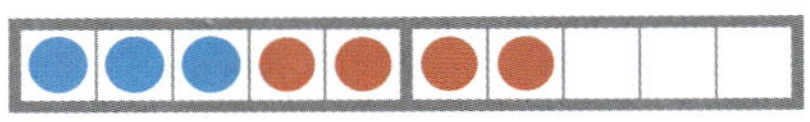

☐ + ☐ = ☐

3 Rechne die Plusaufgabe aus.

a 5 + 3 = 8

b 6 + 2 = ____

c 2 + 7 = ____

d 1 + 5 = ____

e 2 + 4 = ____

f 0 + 3 = ____

2 Kleine und große Aufgaben

a Um Plusaufgaben **ohne Zehnerübergang** in einem größeren Zahlenraum („große Aufgaben“) zu lösen, können dir „kleine Aufgaben“ helfen.

4 Schaue dir die beiden Plusaufgaben genau an.

a Rechne die Aufgaben aus.

①

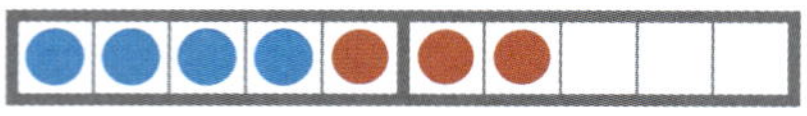

☐ + ☐ = ☐

____ plus ____ ist gleich ____

②

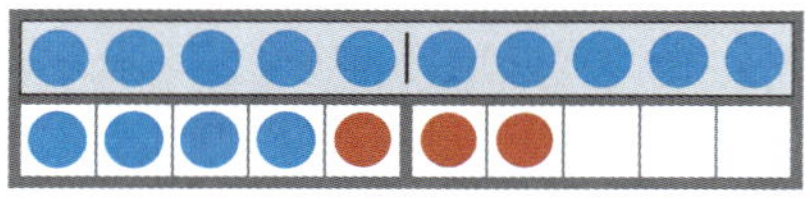

☐ + ☐ = ☐

____ plus ____ ist gleich ____

b Was fällt dir auf? Beschreibe.

____

____

____

____

____

____

b Mithilfe der kleinen Aufgabe kannst du die große Aufgabe leicht lösen.

Kleine Aufgabe

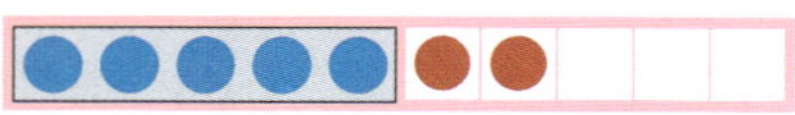

5 + 2 = 7

→

Große Aufgabe

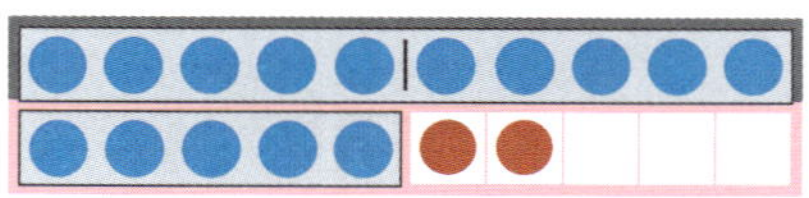

15 + 2 = 17

Achte auf die Einer:
Die kleine Aufgabe ist immer ein Teil der großen Aufgabe.

5 + 2 = 7 → 15 + 2 = 17

ⓘ Weil es keinen Zehnerübergang gibt, ändert sich der Zehner nicht.

3 Bis zum Zehner, dann weiter

Um Plusaufgaben **mit Zehnerübergang** zu lösen, ergänzt du erst bis zum nächsten Zehner und rechnest dann weiter.

Beispiel: 25 + 7

Schritt 1: Fülle die erste Zahl bis zum nächsten Zehner auf.

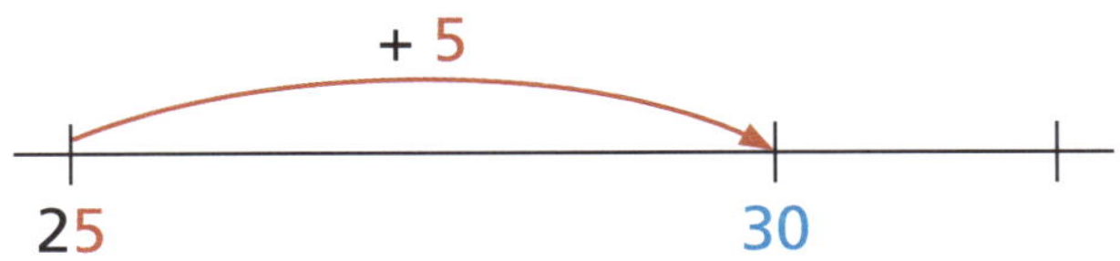

25 + 7 = 32

25 + 5 = 30
30 + 2 = 32

Schritt 2: Rechne den Rest der zweiten Zahl dazu.

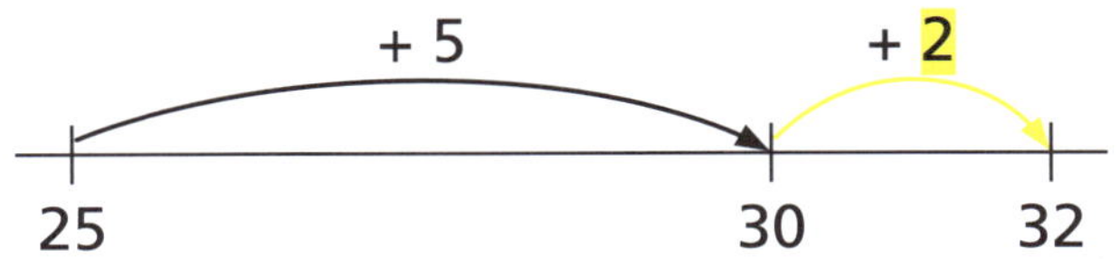

Den Rest der zweiten Zahl erhältst du durch die Zahlzerlegung:

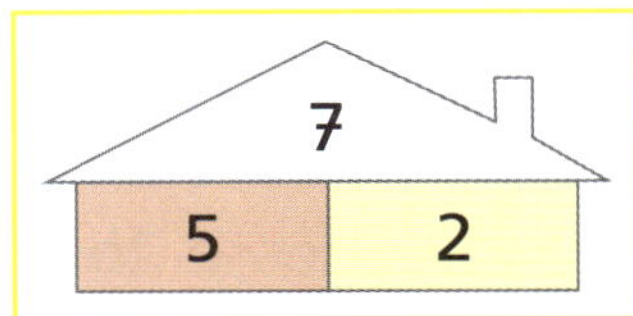

5 Löse die Plusaufgabe wie im Merkkasten mithilfe des Rechenstrichs. Rechne erst bis zum Zehner und dann weiter.

a 6 + 9 = ____

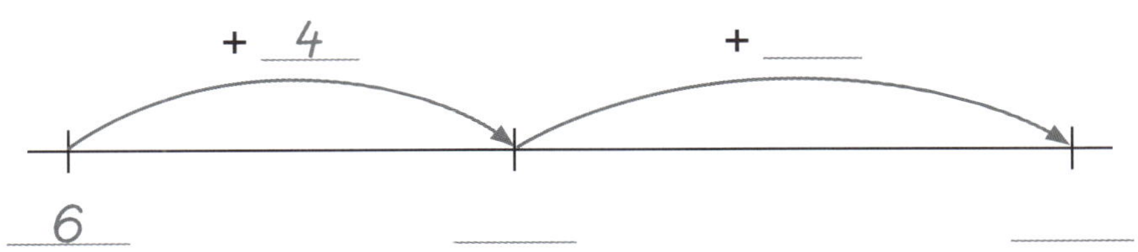

6 + 9 =
6 + 4 =
\+ =

b 8 + 5 = ____

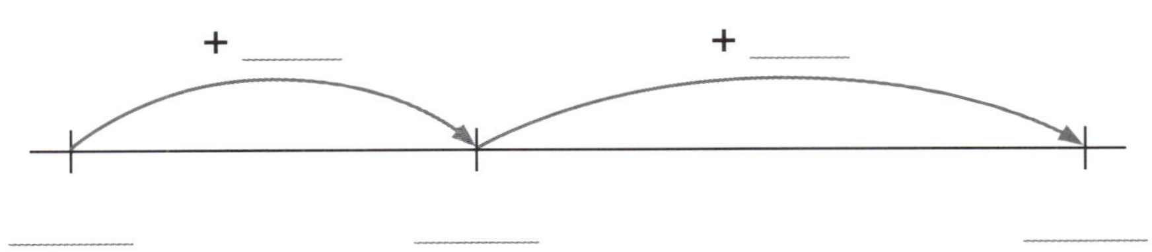

8 + 5 =
\+ =
\+ =

c 7 + 8 = ____

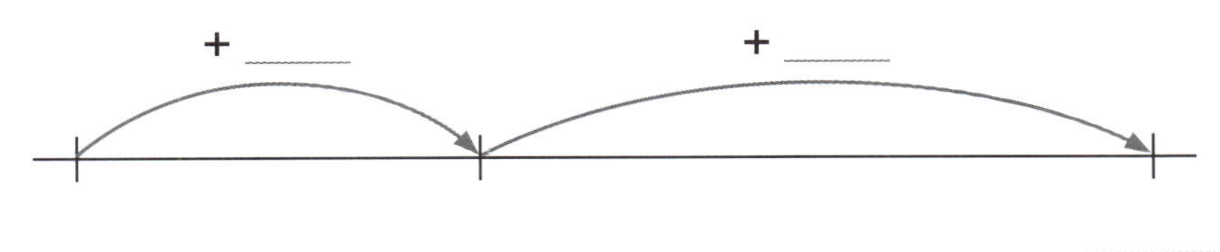

7 + 8 =
\+ =
\+ =

6 Löse die Plusaufgabe. Rechne erst bis zum Zehner und dann weiter.

a 5 + 8 = 13
5 + 5 =
10 + 3 =

b 7 + 5 =

c 4 + 8 =

d 4 + 7 =

e 7 + 6 =

f 6 + 7 =

7 Löse die Sachaufgabe. Rechne erst bis zum Zehner und dann weiter.

In der Klasse 2b sitzen schon 7 Kinder im Sitzkreis. 8 Kinder kommen aus der Pause wieder dazu, 4 Kinder waren auf der Toilette.

Frage: Wie viele Kinder sitzen jetzt im Kreis?

Rechnung:

Antwort: ____________________

7 Zum Teil sind mehrere Lösungen möglich.

„Bis zum Zehner, dann weiter" im Zahlenraum bis 100

Der Rechenweg „Bis zum Zehner, dann weiter" bleibt im Zahlenraum bis 100 genau gleich. Nur die erste Zahl wird größer.

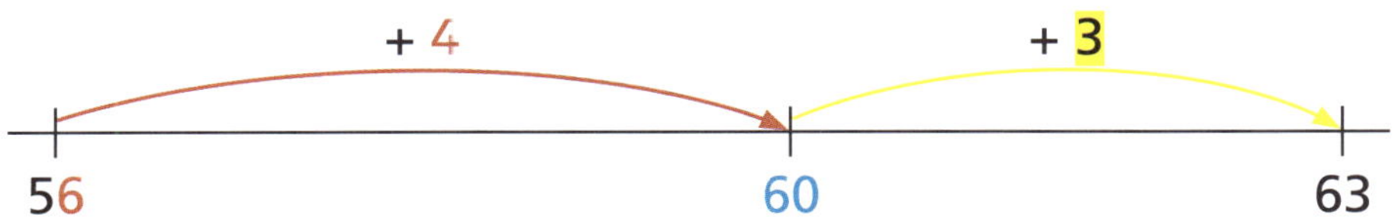

56 + 7 = 63

56 + 4 = 60
60 + 3 = 63

1 Löse die Plusaufgabe. Rechne erst bis zum Zehner und dann weiter.

a 35 + 7 =

b 58 + 5 =

c 64 + 8 =

d 83 + 9 =

e 26 + 7 =

f 47 + 5 =

2 Löse die Sachaufgabe. Rechne erst bis zum Zehner und dann weiter.

Du atmest etwa 25-mal pro Minute. Wenn du dich beim Sport anstrengst, atmest du etwa 8 Atemzüge mehr.

Frage: Wie oft atmest du etwa pro Minute, wenn du dich anstrengst?

Rechnung:

Antwort:

Tauschaufgaben

Wenn du eine Plusaufgabe rechnest, ist die Reihenfolge der Zahlen egal.

Beispiel: 7 + 57

7 + 57

57 + 7

→ Um diese Aufgabe geschickt zu lösen, kannst du beide Zahlen vertauschen.

→ **57 + 7** ist also die Tauschaufgabe von 7 + 57.

57 + 7 kannst du jetzt ganz einfach mit dem Rechenweg „Bis zum Zehner, dann weiter" lösen.

57 + 7 = 64

57 + 3 = 60

60 + 4 = 64

(!) Vertausche die Zahlen einer Plusaufgabe, um einfacher rechnen zu können.

3 Rechne die Plusaufgabe mithilfe der Tauschaufgabe aus.

a 8 + 47 = 55
47 + 8 = 55

b 7 + 56 = ___
___ + ___ = ___

c 5 + 78 = ___
___ + ___ = ___

d 6 + 67 = ___
___ + ___ = ___

e 4 + 58 = ___
___ + ___ = ___

f 7 + 36 = ___
___ + ___ = ___

4 Schreibe die Tauschaufgabe auf. Male die Kästchen in der jeweiligen Farbe an. Rechne dann die Aufgaben aus.

a 9 + 35 = ___
35 + 9 = ___

b 3 + 69 = ___
___ + ___ = ___

c 6 + 86 = ___
___ + ___ = ___

d 5 + 48 = ___
___ + ___ = ___

e 8 + 73 = ___
___ + ___ = ___

f 4 + 18 = ___
___ + ___ = ___

Nähe zum Zehner

Um Plusaufgaben **mit Zehnerübergang** im Zahlenraum bis 100 zu lösen, kannst du den Rechenweg „Nähe zum Zehner“ anwenden.

Beispiel: 55 + 29 → Die 29 liegt nah an der 30.

Schritt 1: Wandle die Zahl, die nah an einem Zehner liegt, in eine glatte Zehnerzahl um.

(!) Mit glatten Zehnerzahlen kannst du einfacher rechnen.

29 + 1 = 30
→ 55 + 30

Schritt 2: Rechne die neue Aufgabe aus.

55 + 30 = 85

Schritt 3: Du hast jetzt einen Einer mehr dazugerechnet, deshalb musst du diesen Einer am Ende von dem Ergebnis wieder abziehen.

85 – 1 = 84

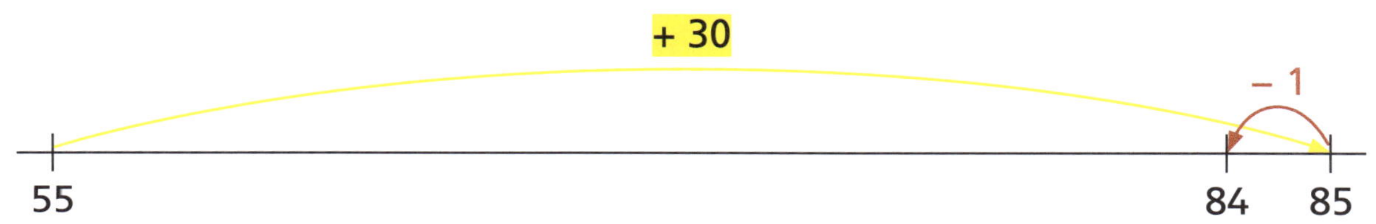

5 Welche Aufgabe(n) kannst du mit dem Rechenweg „Nähe zum Zehner“ lösen?

a Kreise die Aufgabe(n) ein.

24 + 69 | 34 + 15 | 45 + 18 | 63 + 56 | 36 + 45 | 38 + 16 | 44 + 25

b Rechne die von dir eingekreisten Plusaufgaben aus **Teilaufgabe a** mit dem Rechenweg „Nähe zum Zehner“ aus.

Erst die Zehner, dann die Einer dazu

Um Plusaufgaben **mit Zehnerübergang** und zweistelligen Zahlen im Zahlenraum bis 100 zu lösen, kannst du den Rechenweg „Erst die Zehner, dann die Einer dazu“ anwenden.

Beispiel: 64 + 17

Schritt 1: Die erste Zahl bleibt wie sie ist.
Die zweite Zahl zerlegst du in ihre Zehner und Einer.
17 → 1Z 7E

Schritt 2: Rechne jetzt zur ersten Zahl erst die Zehner und dann die Einer der zweiten Zahl schrittweise dazu.

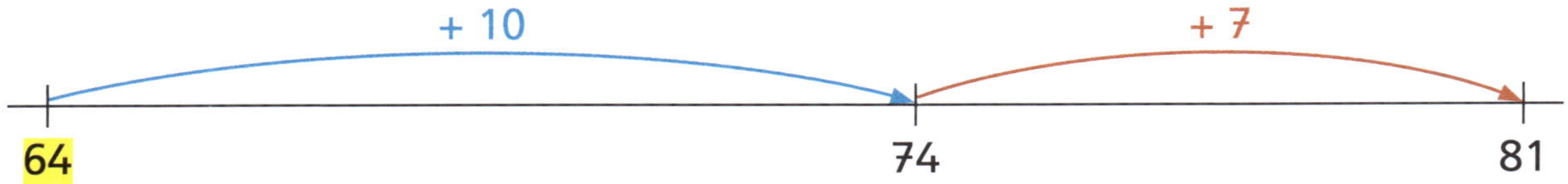

ⓘ Du kannst mit den Zehnern oder den Einern beginnen.

6 Löse die Plusaufgabe wie im Merkkasten mithilfe des Rechenstrichs. Rechne erst die Zehner und dann die Einer dazu.

35 + 27 = ____

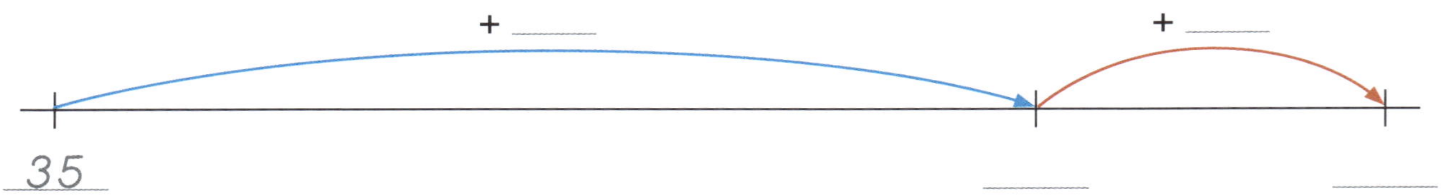

7 Löse die Plusaufgabe. Rechne erst die Einer und dann die Zehner dazu.

a 26 + 38 =
26 + 8 =
34 + 30 =

b 25 + 69 =

c 47 + 45 =

d 58 + 16 =

e 63 + 29 =

f 15 + 37 =

8 Löse die Sachaufgabe. Rechne erst die Zehner und dann die Einer dazu.

Du darfst 2-mal einkaufen gehen. Bei jedem Einkauf kaufst du 2 Kuscheltiere.

Frage: Wie viel musst du bei den einzelnen Einkäufen bezahlen?

Seepferdchen

Tessa Tinte

Rochen

Schildkröte

Einkauf 1:

Kuscheltier 1: ______________________

Kuscheltier 2: ______________________

Einkauf 2:

Kuscheltier 1: ______________________

Kuscheltier 2: ______________________

Antwort: ____

____

Ich kann jetzt …	✓
… große Aufgaben mithilfe von kleinen Aufgaben lösen.	○
… Plusaufgaben mit dem Rechenweg „Bis zum Zehner, dann weiter" lösen.	○
… zu einer Plusaufgabe die Tauschaufgabe bilden.	○
… Plusaufgaben mit dem Rechenweg „Nähe zum Zehner" lösen.	○
… Plusaufgaben mit dem Rechenweg „Erst die Zehner, dann die Einer dazu" lösen.	○

8 Mehrere Lösungen sind möglich.

1 Welche Aufgabe passt zu dem Bild?

a Verbinde.

① 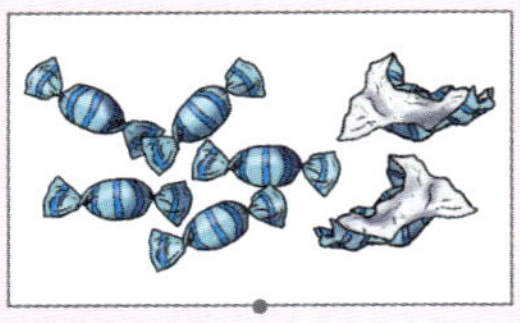

② 

③ 

8 – 3 | 6 – 4 | 7 – 2 | 6 – 2 | 7 – 5

b Male zu den übrigen Aufgaben aus **Teilaufgabe a** passende Rechengeschichten.

Aufgabe 1: ______

Aufgabe 2: ______

Tipp zum Lösen der Aufgabe: Merkkasten 1 „Minusaufgaben im Zahlenraum bis 20"

2 Rechne die Minusaufgabe aus.

a 6 – 3 = ____ b 7 – 2 = ____ c 8 – 2 = ____

d 8 – 7 = ____ e 9 – 5 = ____ f 5 – 3 = ____

Tipp zum Lösen der Aufgabe: Merkkasten 1 „Minusaufgaben im Zahlenraum bis 20"

3 Rechne die Minusaufgabe aus.

a 18 – 5 = ____ b 17 – 3 = ____ c 16 – 6 = ____

d 20 – 7 = ____ e 14 – 3 = ____ f 19 – 7 = ____

Tipp zum Lösen der Aufgabe: Merkkasten 1 „Minusaufgaben im Zahlenraum bis 20"

4 Löse die Minusaufgabe. Rechne erst bis zum Zehner und dann weiter.

a 16 – 8 =

b 13 – 6 =

c 15 – 9 =

Tipp zum Lösen der Aufgabe: Merkkasten 2 „Bis zum Zehner, dann weiter"

1 Zum Teil sind mehrere Lösungen möglich.

1 Minusaufgaben im Zahlenraum bis 20

Eine Minusaufgabe beschreibt, dass von einer vorhandenen Menge etwas abgezogen wird.
Beim Minusrechnen verwendest du das Rechenzeichen – (minus).

Hier sind 5 Kinder.	→	2 Kinder gehen weg.	→	Jetzt sind es 3 Kinder.
„fünf"		„minus zwei"		„ist gleich drei"
5		– 2		= 3

1 Schreibe die passende Minusaufgabe zu dem Bild und rechne sie aus.

a 

____

b 

____

c 

____

2 Schreibe die passende Minusaufgabe zu dem Zwanzigerfeld und rechne sie aus.

a 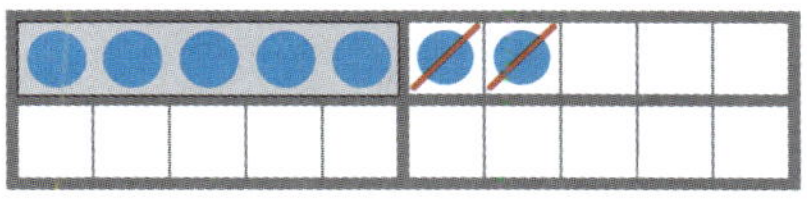

☐ – ☐ = ☐

b 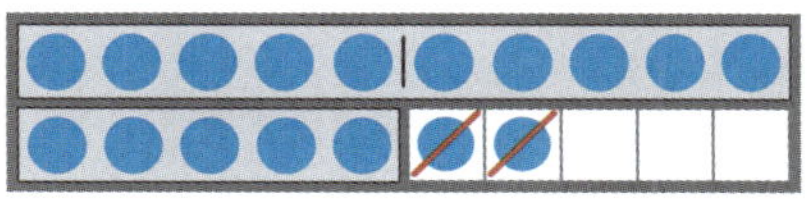

☐ – ☐ = ☐

3 Rechne die Minusaufgaben aus.

a 5 – 3 = 2
15 – 3 = 12

b 6 – 2 = ____
16 – 2 = ____

c 7 – 6 = ____
17 – 6 = ____

d 9 – 5 = ____
19 – 5 = ____

e 3 – 1 = ____
13 – 1 = ____

f 4 – 4 = ____
14 – 4 = ____

2 Bis zum Zehner, dann weiter

Um Minusaufgaben **mit Zehnerübergang** zu lösen, rechnest du erst bis zum Zehner zurück und dann weiter.

Beispiel: 14 – 6

Schritt 1: Gehe von der ersten Zahl bis zum vorherigen Zehner zurück.

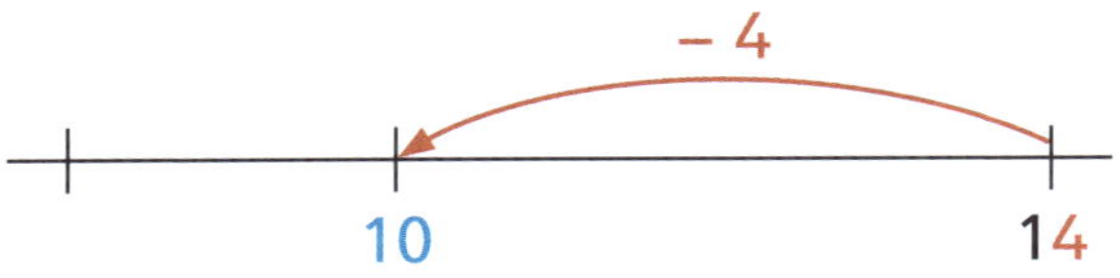

14 – 6 = 8

14 – 4 = 10
10 – 2 = 8

Schritt 2: Ziehe den Rest der zweiten Zahl ab.

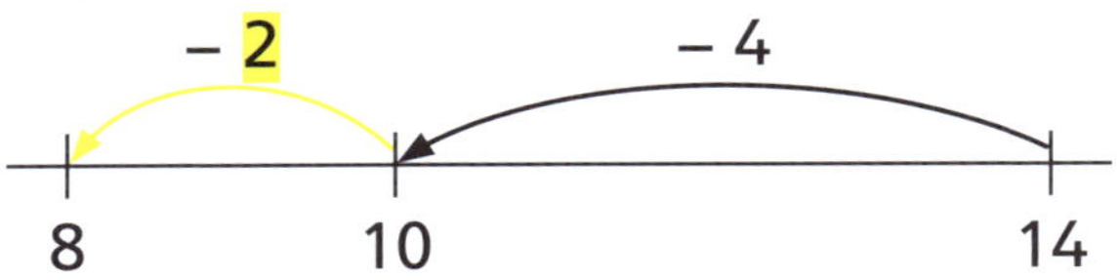

Den Rest der zweiten Zahl erhältst du durch die Zahlzerlegung:

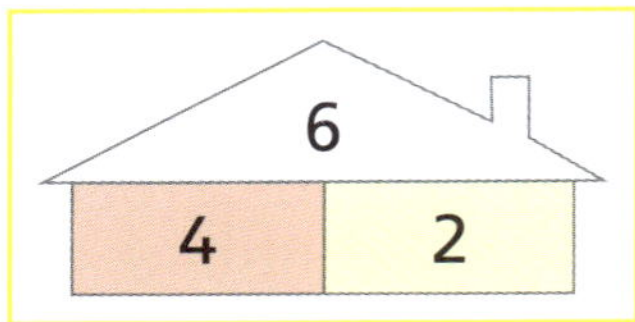

4 Löse die Minusaufgabe wie im Merkkasten mithilfe des Rechenstrichs. Rechne erst bis zum Zehner und dann weiter.

a 13 – 8 = ____

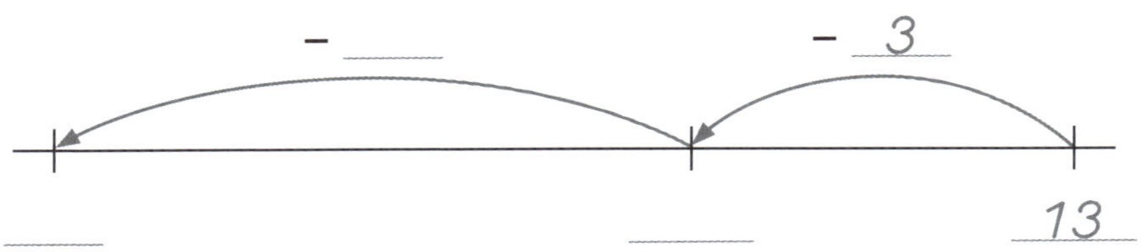

1	3	–	8	=	
1	3	–	3	=	
		–		=	

b 15 – 7 = ____

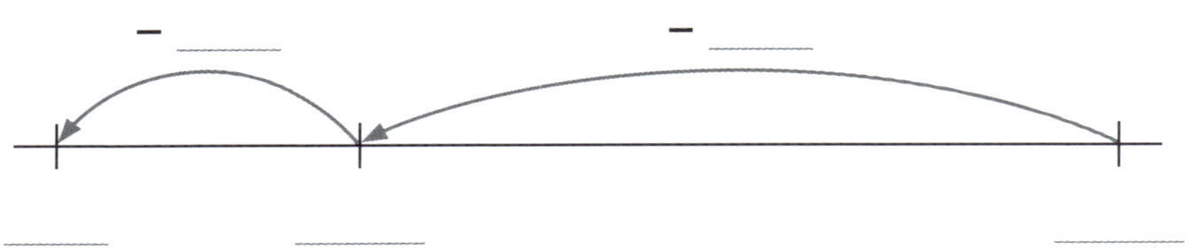

1	5	–	7	=	
		–		=	
		–		=	

c 12 – 5 = ____

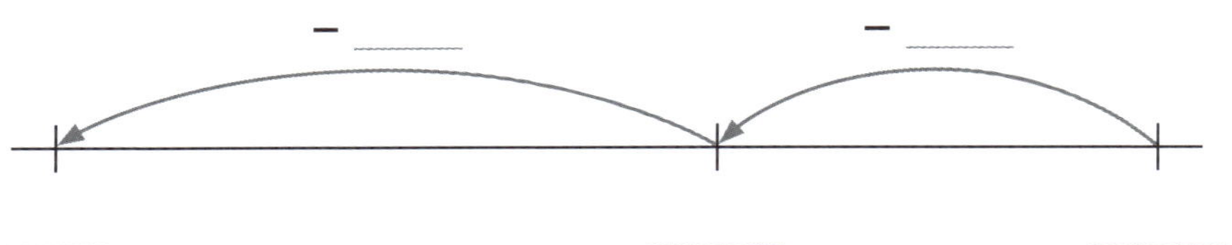

1	2	–	5	=	
		–		=	
		–		=	

5 Löse die Minusaufgabe. Rechne erst bis zum Zehner und dann weiter.

a 14 – 6 =

14 – 4 =

10 – 2 =

b 13 – 8 =

c 15 – 7 =

6 Löse die Sachaufgabe. Rechne erst bis zum Zehner und dann weiter.

a In der Wasserkiste stehen 12 Flaschen. 5 Flaschen sind leer.

Frage: Wie viele Flaschen sind noch voll?

Rechnung:

Antwort: ______

b Der Sommerurlaub dauert 14 Tage. 6 Tage sind schon vergangen.

Frage: Wie viele Tage Urlaub sind noch übrig?

Rechnung:

Antwort: ______

c Am Montag hatte es 15 °C. Am Dienstag war es 6 °C kühler.

Frage: Wie viele Grad (°C) hatte es am Dienstag?

Rechnung:

Antwort: ______

„Bis zum Zehner, dann weiter" im Zahlenraum bis 100

Der Rechenweg „Bis zum Zehner, dann weiter" bleibt im Zahlenraum bis 100 genau gleich. Nur die erste Zahl wird größer.

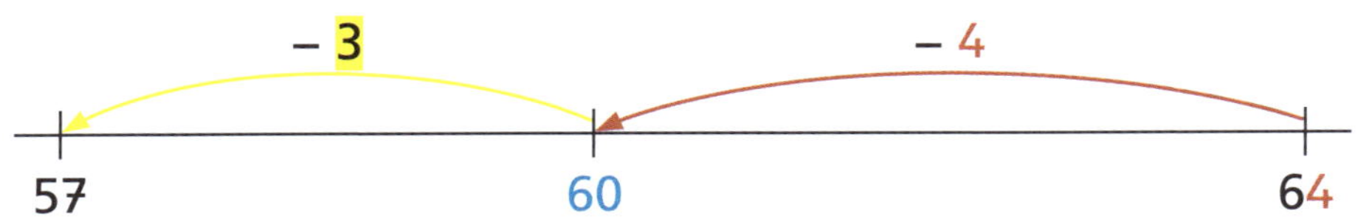

64 – 7 = 57

64 – 4 = 60
60 – 3 = 57

1 Löse die Minusaufgabe. Rechne erst bis zum Zehner und dann weiter.

a 35 – 7 =
35 – 5 =
30 – 2 =

b 55 – 8 =

c 64 – 6 =

d 92 – 4 =

e 23 – 5 =

f 47 – 8 =

2 Löse die Sachaufgabe. Rechne erst bis zum Zehner und dann weiter.

Die erste Hälfte eines Fußballspiels dauert 45 min.
In einem Spiel fällt das erste Tor nach 8 min.

Frage: Wie lange dauert die erste Hälfte noch, nachdem das erste Tor gefallen ist?

Rechnung:

Antwort:

Umkehraufgaben

a Bei einer Umkehraufgabe wird die Rechenrichtung umgekehrt:

Wenn du in die eine Richtung minus rechnest …

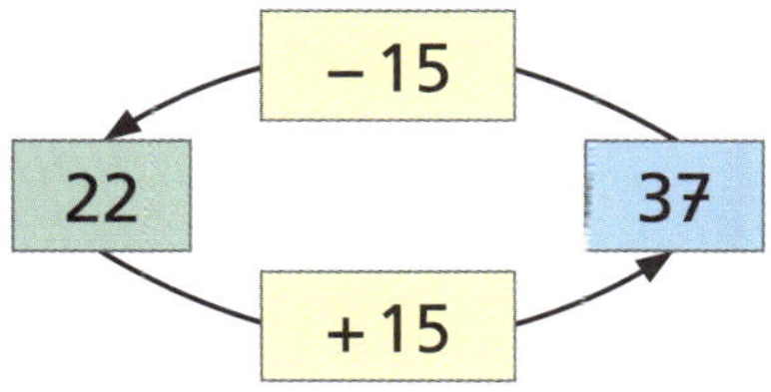

37 – 15 = 22

22 + 15 = 37

… kannst du in die andere Richtung plus rechnen.

3 Kehre die Rechenrichtung um. Trage die fehlenden Zahlen ein.

a 64 – 20 = ______

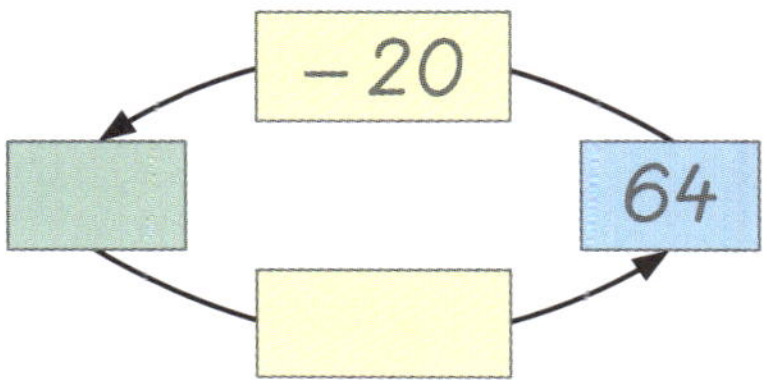

b 99 – 19 = ______

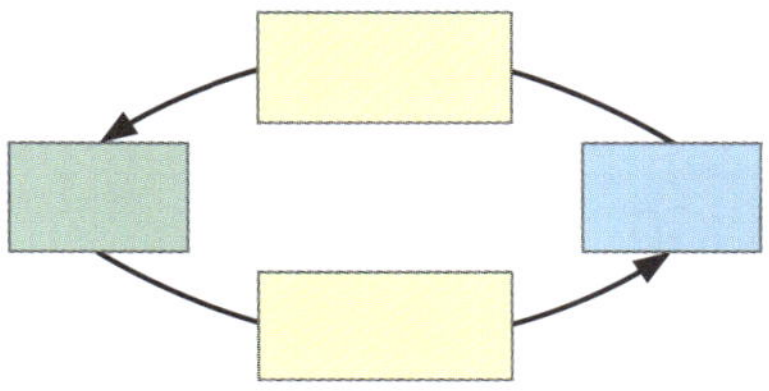

c 52 – 22 = ______

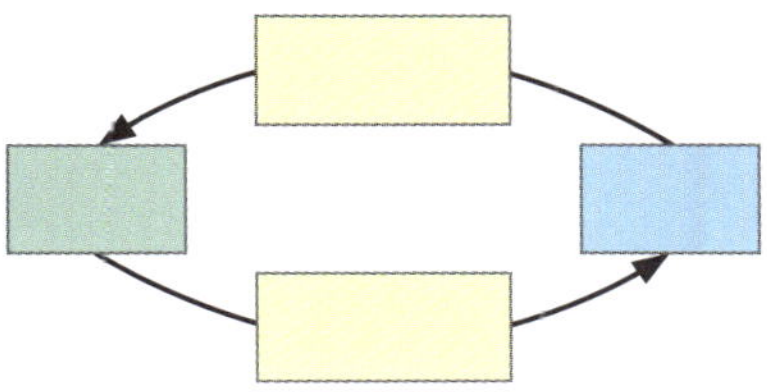

d 71 – 30 = ______

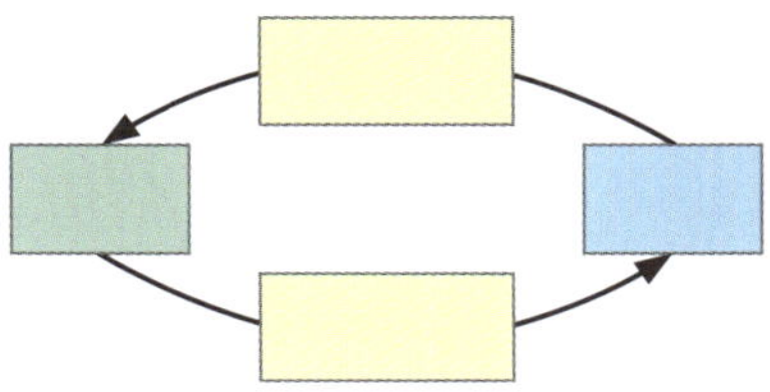

4 Bilde mit allen 3 Zahlenkarten zwei Minusaufgaben.
Schreibe die passenden Umkehraufgaben dazu.

1. Minusaufgabe: ______________

Umkehraufgabe: ______________

2. Minusaufgabe: ______________

Umkehraufgabe: ______________

b **Umkehraufgaben und Tauschaufgaben**
Mithilfe der Umkehraufgabe und Tauschaufgabe kannst du eine Minusaufgabe in eine Plusaufgabe umwandeln.

1. Schritt: Minusaufgabe 50 – 36 = ?

2. Schritt: Umkehraufgabe ? + 36 = 50

3. Schritt: Tauschaufgabe 36 + ? = 50 → 36 + 14 = 50

5 Löse die Rechenmauer.

Die Umkehraufgabe kann dir helfen.

a

	50	
[gelb]	30	
10		

b

	100	
5		
	5	

c Wie hat dir die Umkehraufgabe dabei geholfen, die Zahl im gelben Stein in **Teilaufgabe a** auszurechnen? Begründe.

____

____

____

____

d Erfinde eine eigene Rechenmauer.

5 Zum Teil sind mehrere Lösungen möglich.

Nähe zum Zehner

Um Minusaufgaben **mit Zehnerübergang** im Zahlenraum bis 100 zu lösen, kannst du den Rechenweg „Nähe zum Zehner“ anwenden.

Beispiel: 55 – 39 → Die 39 liegt nah an der 40.

Schritt 1: Wandle die Zahl, die nah am Zehner liegt, in eine glatte Zehnerzahl um.

(!) Mit glatten Zehnerzahlen kannst du einfacher rechnen.

39 + 1 = 40
→ 55 – 40

Schritt 2: Rechne die neue Aufgabe aus.

55 – 40 = 15

Schritt 3: Du hast jetzt einen Einer zu viel abgezogen, deshalb musst du diesen Einer am Ende zu dem Ergebnis wieder dazurechnen.

15 + 1 = 16

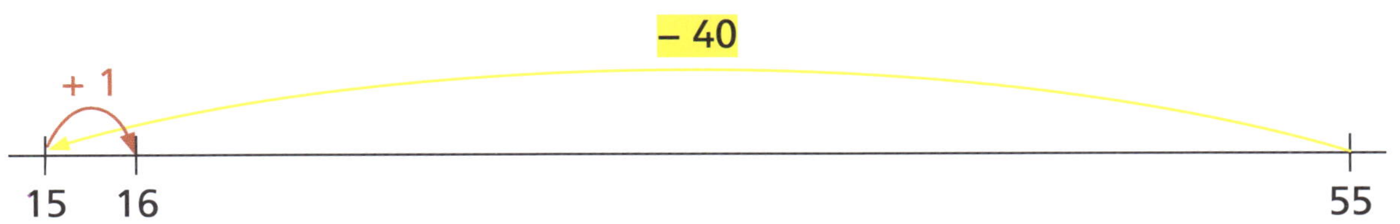

6 Löse die Minusaufgabe mit dem Rechenweg „Nähe zum Zehner“.

a 73 – 49 =
73 – 50 =

b 67 – 38 =

c 96 – 69 =

d Worauf musstest du bei **Teilaufgabe b** besonders achten? Beschreibe.

6 Zum Teil sind mehrere Lösungen möglich.

Erst die Zehner, dann die Einer weg

Um Minusaufgaben **mit Zehnerübergang** und zweistelligen Zahlen im Zahlenraum bis 100 zu lösen, kannst du den Rechenweg „Erst die Zehner, dann die Einer weg" anwenden.

Beispiel: 64 – 17

Schritt 1: Die erste Zahl bleibt wie sie ist.
Die zweite Zahl zerlegst du in ihre Zehner und Einer.
17 → 1Z 7E

Schritt 2: Ziehe jetzt von der ersten Zahl erst die Zehner und dann die Einer der zweiten Zahl schrittweise ab.

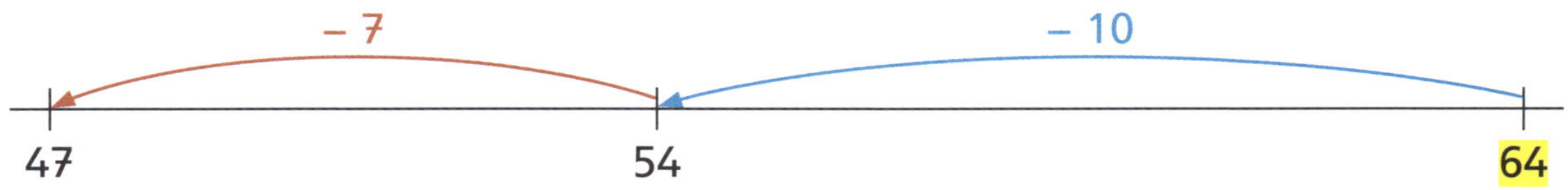

ⓘ Du kannst mit den Zehnern oder den Einern beginnen.

7 Löse die Minusaufgabe wie im Merkkasten mithilfe des Rechenstrichs. Ziehe erst die Zehner und dann die Einer ab.

65 – 47 = ____

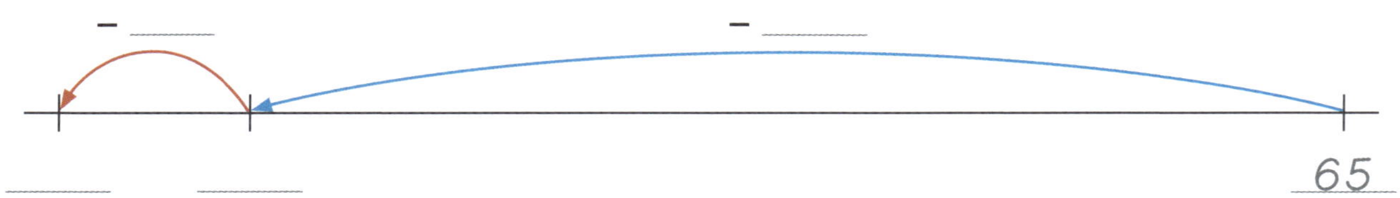

8 Löse die Minusaufgabe. Ziehe erst die Zehner und dann die Einer ab.

a 33 – 15 =
33 – 10 =
23 – 5 =

b 65 – 37 =

c 43 – 26 =

d 78 – 16 =

e 43 – 29 =

f 37 – 15 =

9 Löse die Sachaufgabe. Ziehe erst die Einer und dann die Zehner ab.

a Dieses Übungsheft hat 96 Seiten. Du hast bis hier schon 44 Seiten bearbeitet.

Frage: Wie viele Seiten kannst du noch bearbeiten?

Rechnung:

Antwort: ______________________________

b Die höchste Temperatur, die weltweit gemessen wurde, liegt bei 57 °C. Die höchste Temperatur, die in Deutschland gemessen wurde, beträgt 16 °C weniger.

Frage: Wie heiß war es am wärmsten Tag in Deutschland?

Rechnung:

Antwort: ______________________________

____

Ich kann jetzt …	✓
… Minusaufgaben mit dem Rechenweg „Bis zum Zehner, dann weiter“ lösen.	○
… zu einer Minusaufgabe die Umkehraufgabe bilden.	○
… Minusaufgaben mit dem Rechenweg „Nähe zum Zehner“ lösen.	○
… Minusaufgaben mit dem Rechenweg „Erst die Zehner, dann die Einer weg“ lösen.	○

1 Welche Aufgabe passt zu dem Bild? Verbinde.

a

b

4 + 4 + 4   2 + 5   5 + 5   4 + 3   3 + 3 + 3 + 3

Tipp
zum Lösen der Aufgabe: Merkkasten 1 „Wiederholtes Plusrechnen"

2 Löse die Plusaufgabe.

a 3 + 3 + 3 = ______

b 2 + 2 + 2 + 2 + 2 = ______

c 4 + 4 + 4 + 4 = ______

d 6 + 6 + 6 = ______

Tipp
zum Lösen der Aufgabe: Merkkasten 1 „Wiederholtes Plusrechnen"

3 Wie heißt die Plusaufgabe zu dem Bild? Schreibe auf und rechne.

a

____

b

____

Tipp
zum Lösen der Aufgabe: Merkkasten 1 „Wiederholtes Plusrechnen"

4 Zeichne die Plusaufgabe in das Punktefeld. Rechne die Aufgabe aus.

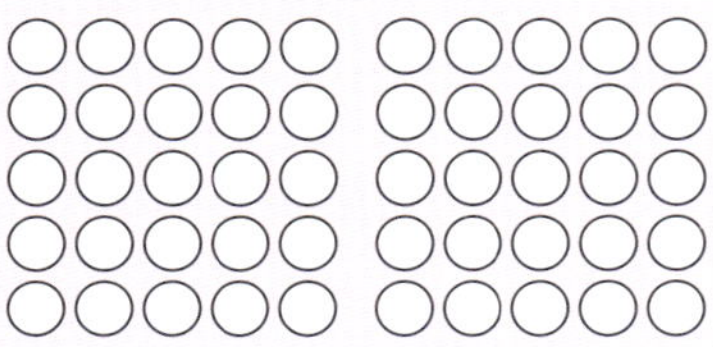

3 + 3 + 3 + 3 + 3 = ______

Tipp
zum Lösen der Aufgabe: Merkkasten 1 „Wiederholtes Plusrechnen"

 3 Zum Teil sind mehrere Lösungen möglich.

1 Wiederholtes Plusrechnen

Beim Plusrechnen darfst du auch die gleiche Zahl mehrfach zusammenrechnen:

2 Flaschen	+ 2 Flaschen	+ 2 Flaschen	+ 2 Flaschen	= 8 Flaschen
2	+ 2	+ 2	+ 2	= 8

Das Punktefeld kann dir helfen, eine Aufgabe darzustellen:

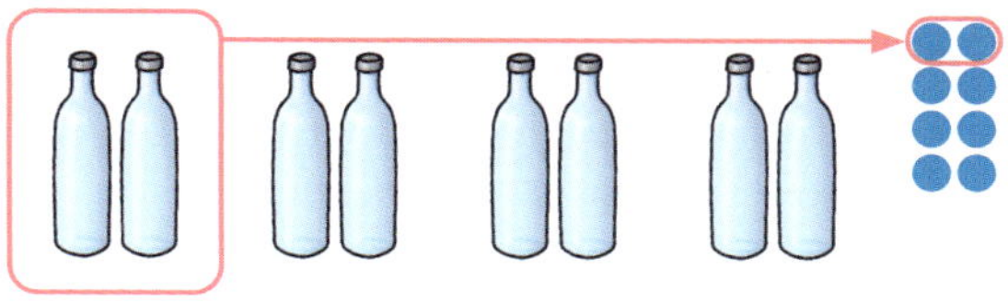

1 Wie heißt die Plusaufgabe zu dem Bild? Schreibe auf und rechne.

a

______

b

______

2 Ergänze die fehlende Angabe.

a Schreibe die Plusaufgabe auf.

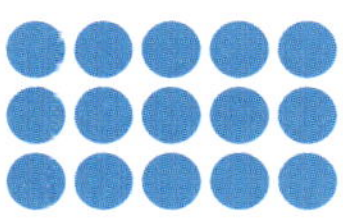

☐ + ☐ + ☐ = ☐

b Zeichne die Plusaufgabe ein.

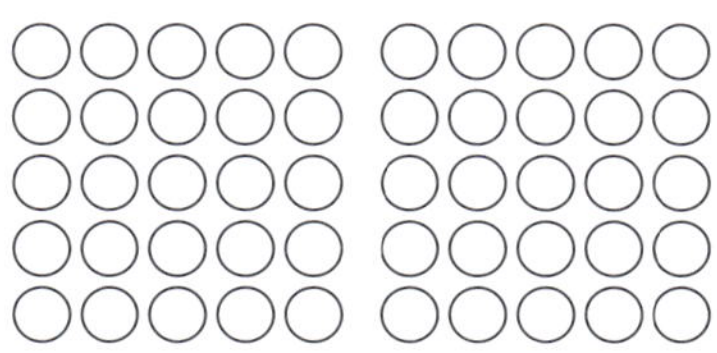

2 + 2 + 2 + 2 = ☐

3 Rechne die Plusaufgabe aus.

a 7 + 7 + 7 = ______

b 2 + 2 + 2 + 2 + 2 = ______

c 1 + 1 + 1 + 1 + 1 + 1 + 1 + 1 = ______

d 3 + 3 + 3 + 3 = ______

1 Zum Teil sind mehrere Lösungen möglich.

Malrechnen

Die langen Plusketten kannst du auch kürzer aufschreiben:

4 Kinder mit je
2 Flaschen
→ 4 mal 2

Plusaufgabe: 2 + 2 + 2 + 2 = 8

Malaufgabe: 4 · 2 = 8

(!) Diese Rechenart heißt „Malrechnen“.

1 Fülle die Lücken im Text. Schreibe die passende Plusaufgabe und Malaufgabe zu dem Bild auf.

a

Es sind ______________ mit je ______________.

Plusaufgabe: ____________________________

Malaufgabe: ____________________________

b

Es sind ______________ mit je ______________.

Plusaufgabe: ____________________________

Malaufgabe: ____________________________

2 Schaue dir das Bild genau an.
Welche Aufgabe(n) passen dazu?

8 + 8 + 8 | 3 · 8 | 8 · 3 | 8 + 3 | 8 – 3 | 3 + 8 | 8 + 8 + 8 + 8 | 3 + 3 + 3

Malaufgaben mit 10 und 5

Malaufgaben mit 10

Malaufgaben mit 10 sind sehr leicht zu rechnen.

$3 \cdot 1 = 3 \rightarrow 3 \cdot 10 = 30$

$4 \cdot 1 = 4 \rightarrow 4 \cdot 10 = 40$

$5 \cdot 1 = 5 \rightarrow 5 \cdot 10 = 50$

(!) Achte besonders auf die 0.

Malaufgaben mit 5

Malaufgaben mit 10 können dir helfen, Malaufgaben mit 5 zu lösen.

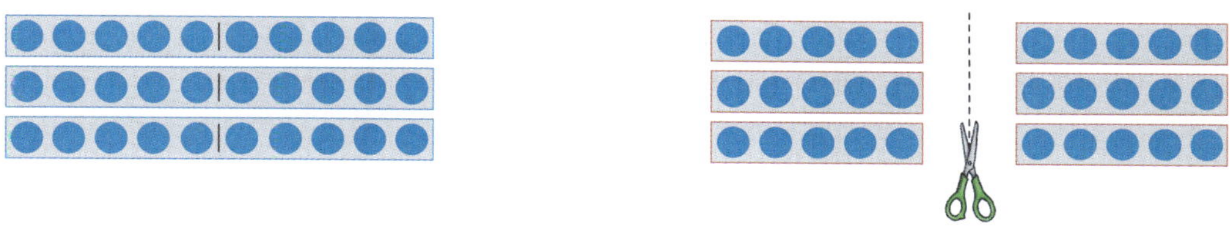

$3 \cdot 10 = 30$ $\qquad$ $3 \cdot 5 = 15$ $\quad$ $3 \cdot 5 = 15$

Die Hälfte von 10 ist 5. → Die Hälfte von 30 ist 15.

Das Ergebnis einer Malaufgabe mit 5 ist immer die Hälfte von dem Ergebnis der Malaufgabe mit 10.

3 Rechne die Malaufgaben mit 10 und 5 aus.

a $1 \cdot 10 =$ 10 $\quad 1 \cdot 5 =$ 5 $\qquad$ b $2 \cdot 10 =$ ____ $\quad 2 \cdot 5 =$ ____

c $3 \cdot 10 =$ ____ $\quad 3 \cdot 5 =$ ____ $\qquad$ d $4 \cdot 10 =$ ____ $\quad 4 \cdot 5 =$ ____

e $5 \cdot 10 =$ ____ $\quad 5 \cdot 5 =$ ____ $\qquad$ f $6 \cdot 10 =$ ____ $\quad 6 \cdot 5 =$ ____

g $7 \cdot 10 =$ ____ $\quad 7 \cdot 5 =$ ____ $\qquad$ h $8 \cdot 10 =$ ____ $\quad 8 \cdot 5 =$ ____

i $9 \cdot 10 =$ ____ $\quad 9 \cdot 5 =$ ____ $\qquad$ j $10 \cdot 10 =$ ____ $\quad 10 \cdot 5 =$ ____

Ich kann jetzt …	✓
… wiederholte Plusrechnungen lösen.	◯
… Malaufgaben zu Handlungen und Bildern notieren.	◯
… Malaufgaben mit 10 und 5 lösen.	◯

Malaufgaben mit 2

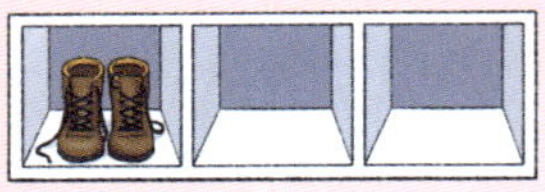
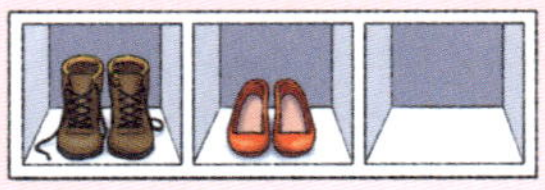
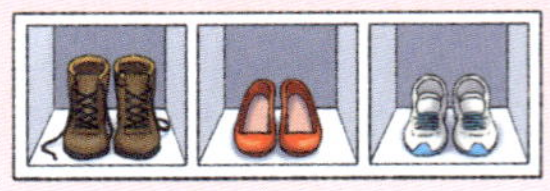

1 · 2 = 2   2 · 2 = 4   3 · 2 = 6

(!) Malaufgaben mit 2 sind auch gleichzeitig Verdopplungsaufgaben.

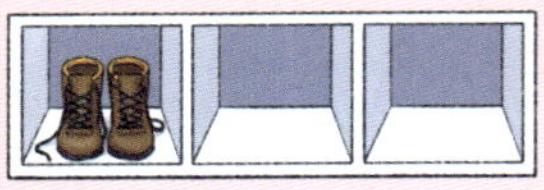
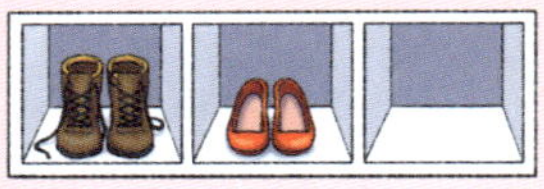
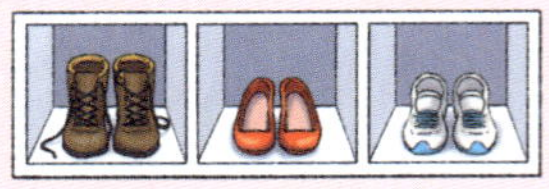

„2-mal ein Schuh" 1 + 1 = 2

„2-mal zwei Schuhe" 2 + 2 = 4

„2-mal drei Schuhe" 3 + 3 = 6

1 Schreibe die passende Malaufgabe zu dem Punktefeld auf.

a 
5 · 2 = ______

b 
______

c 
______

d 
______

2 Wie heißt die passende Malaufgabe zu dem Bild? Schreibe auf und rechne.

a 
______

b 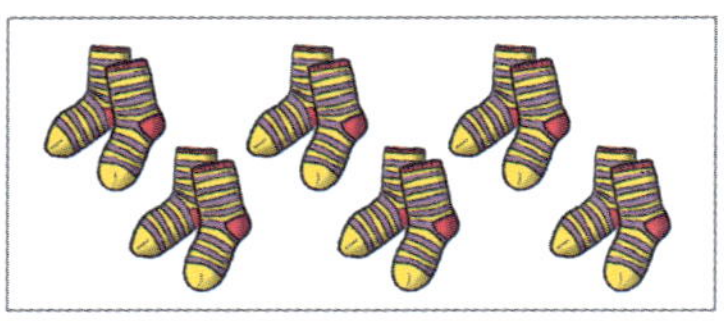
______

c 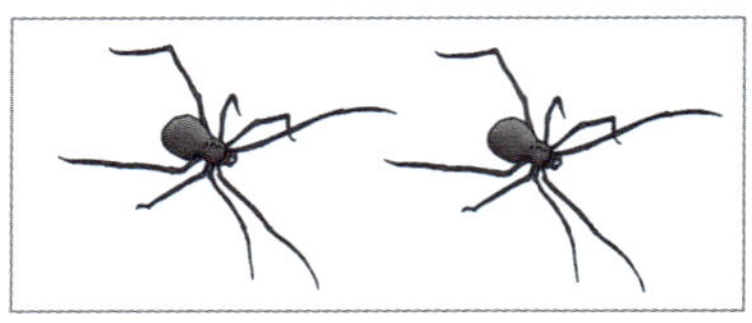
______

3 Rechne die Malaufgaben mit 2 aus.

a 1 · 2 = 2
5 · 2 = ______
3 · 2 = ______

b 6 · 2 = ______
9 · 2 = ______
8 · 2 = ______

c 2 · 8 = ______
4 · 2 = ______
2 · 10 = ______

d 2 · 2 = ______
7 · 2 = ______
2 · 5 = ______

Malaufgaben mit 4 und 8

Die Malaufgaben 4 und 8 hängen zusammen:

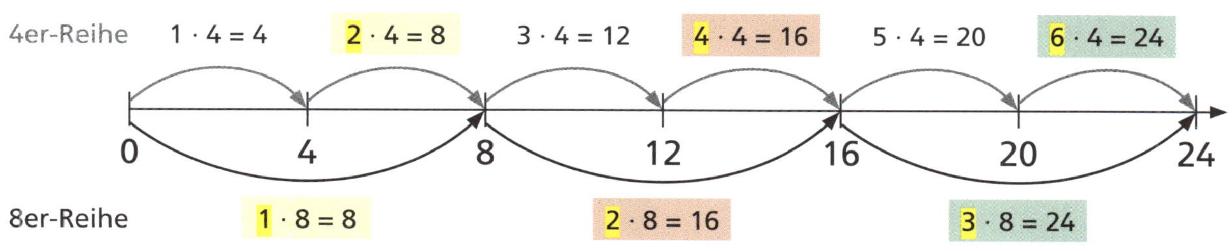

(!) 8 ist das Doppelte von 4.

Du kannst dir also merken: Das Ergebnis einer Malaufgabe mit 8 ist das Doppelte der gleichen Malaufgabe mit 4.

3 · 4 = 12 3 · 8 = 24 → 24 ist das Doppelte von 12.

· 2

4 Rechne die Malaufgaben aus. Ergänze dann die Lücken.

a	5 · 4 = 20	5 · 8 = ___	→	___ ist das Doppelte von 20.
b	1 · 4 = ___	1 · 8 = ___	→	___ ist das Doppelte von ___.
c	10 · 4 = ___	10 · 8 = ___	→	___ ist das Doppelte von ___.
d	7 · 4 = ___	7 · 8 = ___	→	___ ist das Doppelte von ___.
e	3 · 4 = ___	3 · 8 = ___	→	___ ist das Doppelte von ___.
f	9 · 4 = ___	9 · 8 = ___	→	___ ist das Doppelte von ___.

5 Ergänze die Lücken in den Malaufgaben.

a	1 · 8 = 8	___ · 4 = 8
b	___ · 8 = 40	10 · ___ = 40
c	4 · 8 = ___	___ · 4 = 32
d	___ · 8 = 16	4 · 4 = ___
e	___ · 8 = 24	___ · 4 = 24

Malaufgaben mit 3, 6 und 9

Auch die Reihen 3, 6 und 9 haben etwas miteinander zu tun:

	· 1	· 2	· 3	· 4	· 5	· 6	· 7	· 8	· 9	· 10
3er-Reihe	3	6	9	12	15	18	21	24	27	30
6er-Reihe	6	12	18	24	30	36	42	48	54	60
9er-Reihe	9	18	27	36	45	54	63	72	81	90

(!) 6 ist das Doppelte von 3.

6 · 3 = 18 3 · 6 = 18 2 · 9 = 18

9 ist das Dreifache von 3.

So kannst du Aufgaben einfacher ausrechnen:

2 · 9 = 18
2 · 6 = 12
2 · 3 = 6

6 Setze die Malaufgabe mit 9 aus den Aufgaben mit 6 und 3 zusammen.

a

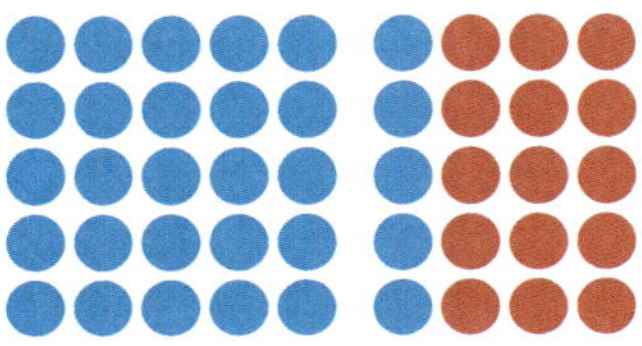

5 · 9 =
5 · 6 =
5 · 3 =

→ weil ____ + ____ = ____

b

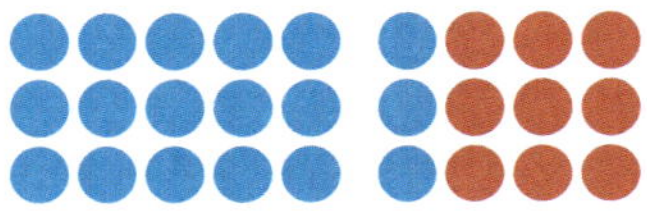

3 · 9 =

→ weil ____ + ____ = ____

7 Rechne die Malaufgaben aus.

a
3 · 6 = 18
6 · 4 = ____
3 · 4 = ____
9 · 5 = ____
3 · 9 = ____
1 · 6 = ____

b
6 · 9 = ____
3 · 2 = ____
9 · 2 = ____
9 · 9 = ____
3 · 5 = ____
3 · 3 = ____

c
2 · 6 = ____
9 · 3 = ____
2 · 3 = ____
6 · 7 = ____
8 · 3 = ____
4 · 9 = ____

d
6 · 3 = ____
7 · 9 = ____
6 · 9 = ____
9 · 1 = ____
3 · 7 = ____
6 · 6 = ____

Malaufgaben mit 7

Um die Malaufgaben mit 7 zu lösen, helfen dir die 5er- und die 2er-Reihe.

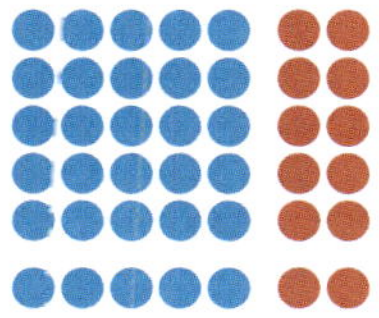

→

6 · 7 = 42

6 · 5 = 30
6 · 2 = 12

(!) Zerlege die 7 in 5 und 2. Rechne das Ergebnis der beiden Malaufgaben zusammen.

8 Rechne die Malaufgabe aus, indem du sie wie im Merkkasten zerlegst.

a
9 · 7 =
9 · 5 =
9 · 2 =

b
5 · 7 =

c
8 · 7 =

Malaufgaben mit 0 und 1

Malaufgaben mit 0 und 1 sind ganz einfach!

- **Malaufgaben mit 0** ergeben immer 0. 0 · 3 = 0, 3 · 0 = 0
- **Malaufgaben mit 1** ergeben immer die Zahl, mit der du 1 malgenommen hast. 1 · 3 = 3, 3 · 1 = 3

9 Rechne die Malaufgaben aus.

a	**b**	**c**	**d**
2 · 1 = 2	6 · 1 = ___	1 · 2 = ___	0 · 7 = ___
1 · 4 = ___	6 · 0 = ___	8 · 0 = ___	1 · 9 = ___
7 · 0 = ___	0 · 1 = ___	1 · 8 = ___	0 · 9 = ___

Ich kann jetzt …	✓
… Malaufgaben mit 2, 4 und 8 lösen.	○
… Malaufgaben mit 3, 6 und 9 lösen.	○
… Malaufgaben mit 7 lösen.	○
… Malaufgaben mit 1 und 0 lösen.	○

Aufteilen

18 Eier werden in Kartons aufgeteilt. In jeden Karton passen 6 Eier.

18 : 6 = 3 → Es werden 3 Kartons benötigt.

Beim Aufteilen geht es darum herauszufinden, wie viele Teilmengen am Ende herauskommen. Du startest immer mit der Gesamtmenge und teilst diese dann durch die Anzahl, wie viel in einer Teilmenge enthalten ist.

18 Eier	: 6 Eier in einem Karton	= 3 Kartons
Gesamtanzahl	Größe Teilmenge	Anzahl Teilmengen

(!) **Aufteilen:** Wie viele Teilmengen sind es?

1 Löse die Geteiltaufgabe. Kreise die Teilmengen ein.

a 

10 : 5 = ____

b 

12 : 3 = ____

c 

8 : 2 = ____

2 Schaue dir das Bild genau an. Fülle die Lücken im Text. Schreibe die passende Geteiltaufgabe auf.

a 

____________ werden in Sträuße aufgeteilt.

Immer ____________ sind in einem Strauß.

Es entstehen ____________.

Geteiltaufgabe: ____________

b 

Es gibt ____________.

Immer ____________ werden in eine Tüte gepackt.

Es können ____________ gefüllt werden.

Geteiltaufgabe: ____________

Verteilen

6 Stücke Wassermelone werden an 3 Kinder verteilt.

 → 

6 : 3 = 2 → Jedes Kind bekommt 2 Stücke.

Beim Verteilen geht es darum herauszufinden, wie groß die einzelnen Teilmengen sind. Du startest immer mit der Gesamtmenge und teilst diese dann durch die Anzahl der Teilmengen.

6 Stücke Wassermelone	: 3 Kinder	= 2 Stücke für jedes Kind
Gesamtanzahl	Anzahl Teilmengen	Größe Teilmenge

! **Verteilen:** Wie groß sind die Teilmengen?

3 Schreibe die richtige Geteiltaufgabe zu dem Bild auf.

a 

6 : 2 = ______

b 

______

c 

______

4 Welche Aufgabe passt zu dem Bild?

a Kreuze an.

10 : 5 = 2 ◯

10 : 2 = 5 ◯

b Begründe deine Wahl.

______

______

4 Zum Teil sind mehrere Lösungen möglich.

Teilen mit Rest

Manchmal kannst du eine Menge nicht genau aufteilen oder verteilen.
Dann bleibt eine kleine Teilmenge übrig.

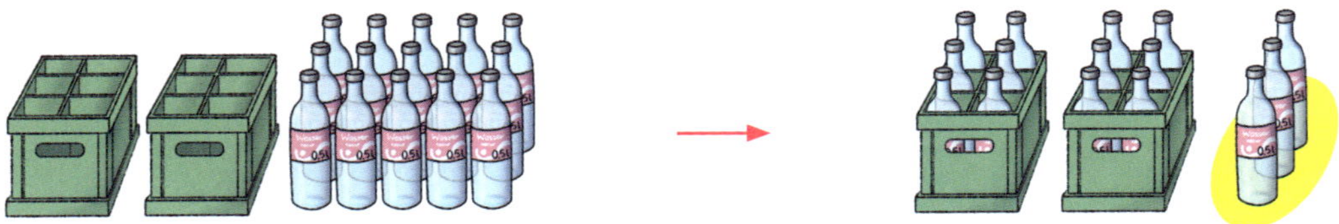

15 : 6 → 15 : 6 = 2 R 3

Die übrige Teilmenge wird Rest genannt.
Du notierst den Rest immer hinter dem Ergebnis (R).

5 Verteile die Kekse gerecht auf 3 Teller.
Fülle die Lücken im Text. Schreibe die passende Geteiltaufgabe auf.

Ich verteile __________ gerecht auf __________.

Auf jedem Teller liegen dann __________.

__________ bleiben übrig.

Geteiltaufgabe: __________

6 Teile die Kekse auf. Packe immer 4 Kekse in eine Tüte.
Fülle die Lücken im Text. Schreibe die passende Geteiltaufgabe auf.

Ich teile __________ in Tüten auf.

Immer __________ sollen in eine Tüte.

Ich kann __________ packen.

__________ bleiben übrig.

Geteiltaufgabe: __________

Ich kann jetzt …	✓
… Geteiltaufgaben durch Aufteilen lösen.	○
… Geteiltaufgaben durch Verteilen lösen.	○
… Geteiltaufgaben mit Rest lösen.	○

Geteiltaufgaben mit 1 und 2

Geteiltaufgaben mit 1

Geteiltaufgaben mit 1 sind ganz einfach! Sie ergeben immer die Zahl, die du durch 1 geteilt hast.

2 : 1 = 2
3 : 1 = 3

Geteiltaufgaben mit 2

Beim Teilen durch 2 helfen dir die Halbierungsaufgaben. Dabei teilst du eine Menge in 2 gleich große Teilmengen auf – du halbierst sie also.

14 € für 2 Kinder → Jedes Kind bekommt 7 €.

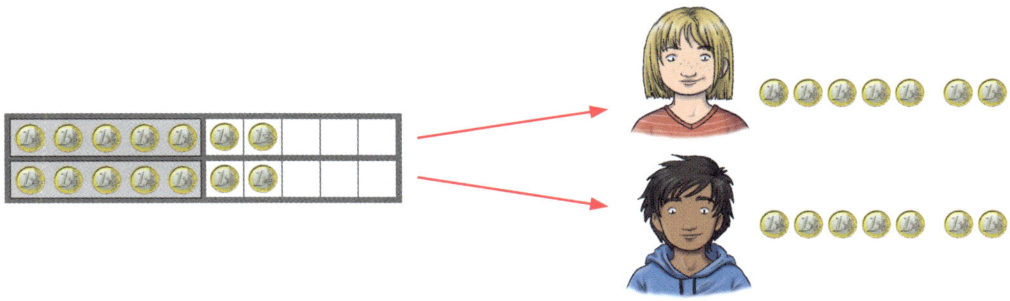

14 € : 2 = 7 €

(!) 7 ist die Hälfte von 14.

1 Löse die Geteiltaufgaben. Beantworte danach die Frage.

a
20 : 1 = 20
10 : 1 = ____
6 : 1 = ____
50 : 1 = ____
100 : 1 = ____

b
20 : 2 = ____
10 : 2 = ____
6 : 2 = ____
50 : 2 = ____
100 : 2 = ____

c Schaue dir die Ergebnisse an. Was fällt dir auf? Beschreibe.

____

____

____

2 Löse die Geteiltaufgabe. Fülle die Lücke im Text.

a 12 : 2 = ____

____ ist die Hälfte von 12.

b 20 : 2 = ____

____ ist die Hälfte von 20.

c 16 : 2 = ____

____ ist die Hälfte von 16.

d 18 : 2 = ____

____ ist die Hälfte von 18.

1 Zum Teil sind mehrere Lösungen möglich.

Geteiltaufgaben mit 10

Bei einer Geteiltaufgabe mit 10 kann dir die kleine Aufgabe helfen.

Beispiel: 70 : 10

Große Aufgabe
70 : 10 = 7

Kleine Aufgabe
7 : 1 = 7

70 : 10 = 7

Du kannst die Null der beiden Zahlen wegstreichen und einfach die kleine Aufgabe ausrechnen.

(!) Jede Zahl, die mit einer Null endet, ist durch 10 teilbar.

3 Rechne die Geteiltaufgabe mithilfe der kleinen Aufgabe aus.
Überprüfe dein Ergebnis.

a 80 : 10 = ____ → 8 : 1 = ____

b 50 : 10 = ____ → ____

c 30 : 10 = ____ → ____

d 90 : 10 = ____ → ____

e 100 : 10 = ____ → ____

4 Rechne die Geteiltaufgabe aus. Notiere den Rest.

a 53 : 10 = 5 R3 b 26 : 10 = ____ c 47 : 10 = ____

d 42 : 10 = ____ e 75 : 10 = ____ f 94 : 10 = ____

g 63 : 10 = ____ h 31 : 10 = ____ i 88 : 10 = ____

Umkehraufgaben

Um eine Geteiltaufgabe zu lösen, kannst du auch die Umkehraufgabe bilden.

Beispiel: 21 : 7

„Wie oft passt die 7 in die 21?“

„Wie viel mal 7 ist gleich 21?“

Geteiltaufgabe → umkehren → Malaufgabe

21 : 7 = ____

____ · 7 = 21

Löse die Malaufgabe, um das Ergebnis der Geteiltaufgabe zu erhalten:

3 · 7 = 21 → 21 : 7 = 3

5 Rechne die Geteiltaufgabe mithilfe der Umkehraufgabe aus. Überprüfe dein Ergebnis.

a 15 : 5 = ____ → 3 · 5 = ____

b 14 : 2 = ____ → ____

c 32 : 4 = ____ → ____

d 48 : 6 = ____ → ____

e 27 : 3 = ____ → ____

6 Bilde aus den Zahlenkarten eine Geteiltaufgabe und die passende Umkehraufgabe.

a 7 28 4

Geteiltaufgabe: ____

Umkehraufgabe: ____

b 5 35 7

Geteiltaufgabe: ____

Umkehraufgabe: ____

Ich kann jetzt …	✓
… Geteiltaufgaben mit 1 und 2 lösen.	◯
… Geteiltaufgaben mit 10 lösen.	◯
… Geteiltaufgaben mithilfe der Umkehraufgabe lösen.	◯

6 Mehrere Lösungen sind möglich.

Messen …

a … mit Messinstrumenten

Es gibt verschiedene Messinstrumente, um die Länge von etwas zu messen. Je nachdem wie klein oder groß eine Person/ein Gegenstand ist, verwendest du ein anderes Messinstrument:

Lineal

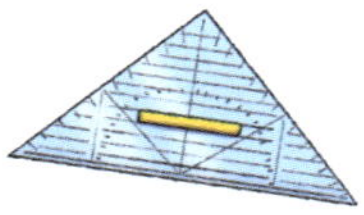
Geodreieck

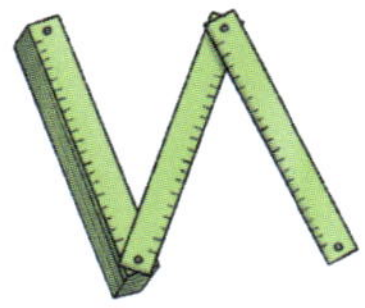
Gliedermaßstab

Maßband

1 Womit misst du? Verbinde. Male dann richtige Messgeräte an.

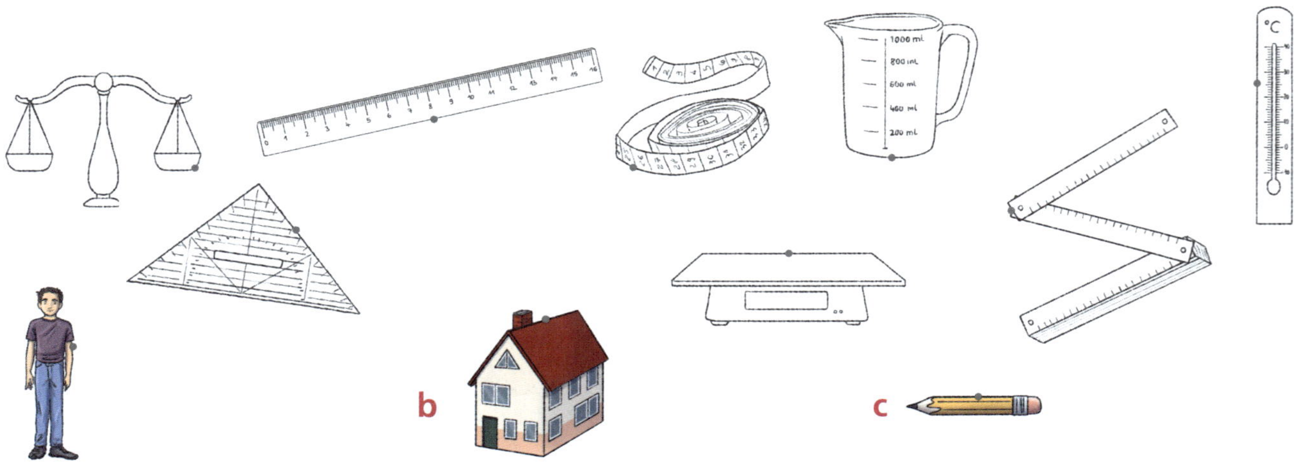

a Körpergröße

b Wände

c Stift

b … ohne Messinstrumente

Wenn du kein Messinstrument zur Verfügung hast, kannst du eine Länge abschätzen, indem du zwei Längen miteinander vergleichst.

Hierfür gibt es zwei Möglichkeiten:
- **Möglichkeit 1:** Abmessen mit deinen Körpermaßen
- **Möglichkeit 2:** Abmessen mit einem beliebigen, tragbaren Gegenstand

(!) Achte immer darauf, dass es keine Lücken zwischen zwei Messschritten gibt.

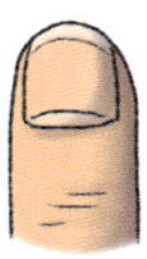
Fingerbreite

Fingerspanne

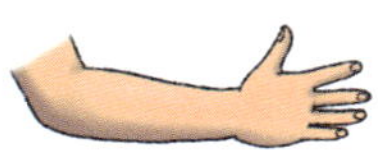
Elle

Armspanne

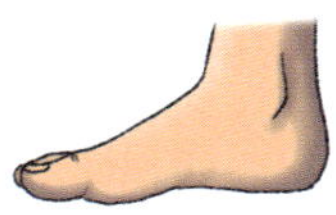
Fußlänge

Schrittlänge

1 Zum Teil sind mehrere Lösungen möglich.

2 Hannah hat die Länge ihres Tessa-Tinte-Heftes mithilfe ihrer Fingerbreite bestimmt.
Welches Körpermaß eignet sich besser, um die Länge des Heftes zu bestimmen? Begründe.

____

____

____

____

Meter, Zentimeter und Millimeter

Größere Gegenstände/Strecken messen wir in **Meter (m)**.
Ein passendes Messgerät wäre hierfür zum Beispiel der Gliedermaßstab.

(!) 1 m = 100 cm

1 m = die Breite einer Wohnungstür

Kleinere Sachen messen wir in **Zentimeter (cm)** und **Millimeter (mm)**.
Ein passendes Messgerät wäre hierfür zum Beispiel ein Lineal.

(!) 1 cm = 10 mm

1 cm = die Dicke deines Daumens
1 mm = die Dicke eines Fadens

3 Setze das richtige Längenmaß ein.
Tessa Tinte hilft dir dabei.

a Ein Floh ist nur wenige ______ groß.

b Ich bin 1 ______ und 32 ______ groß.

c Eine Giraffe kann 6 ______ groß werden.

d Das Tessa-Tinte-Heft ist ungefähr 30 ______ lang und 21 ______ breit.

4 Markiere auf dem Gliedermaßstab 1 m.

2 Mehrere Lösungen sind möglich.

Längenangaben aufschreiben

Du kannst die Längenangaben unterschiedlich aufschreiben:

- **Gemischte Schreibweise:** Ein Auto ist 4 m und 36 cm lang.
  Länge: 4 m 36 cm
- **Umrechnung:** Ein Auto ist 4 m und 36 cm lang.
  Länge: 436 cm

Gemischte Schreibweise	Umrechnung
4 m 36 cm	436 cm

4 m und 36 cm = 436 cm

5 Ergänze die Tabelle.

	Gemischte Schreibweise	Umrechnung
a	3 cm und 7 mm	37 mm
b	9 cm und 8 mm	
c		612 cm
d		100 mm
e	1 m 2 cm	
f		282 cm

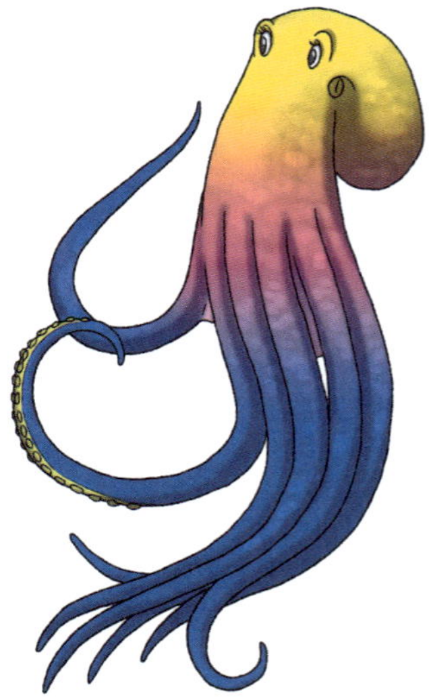

g Worauf musst du bei **Teilaufgabe e** in der Tabelle besonders achten? Beschreibe.

Ich kann jetzt …	✓
… Messinstrumente benennen.	◯
… Längen mit und ohne Messinstrumente messen.	◯
… die Längenmaße Meter, Zentimeter und Millimeter richtig verwenden.	◯
… Längenmaße unterschiedlich aufschreiben.	◯

5 Zum Teil sind mehrere Lösungen möglich.

1 Verbinde.

Tipp
zum Lösen der Aufgabe: Merkkasten 1 „Die Uhr"

Minutenzeiger •

• Stundenzeiger

• Ziffernblatt

2 Wie heißt die frühe und die späte Uhrzeit?
Notiere beide Zeiten.

Tipp
zum Lösen der Aufgabe: Merkkasten 1 „Die Uhr"

a

Frühe Uhrzeit: ____________

Späte Uhrzeit: ____________

b

Frühe Uhrzeit: ____________

Späte Uhrzeit: ____________

3 Was machst du zu der angegebenen Uhrzeit? Male ein Bild.

Tipp
zum Lösen der Aufgabe: Merkkasten 1 „Die Uhr"

a 10:00 Uhr

b 01:00 Uhr

c 15:00 Uhr

d 18:00 Uhr

3 Mehrere Lösungen sind möglich.

1 Die Uhr

Kurzer Zeiger = Stundenzeiger

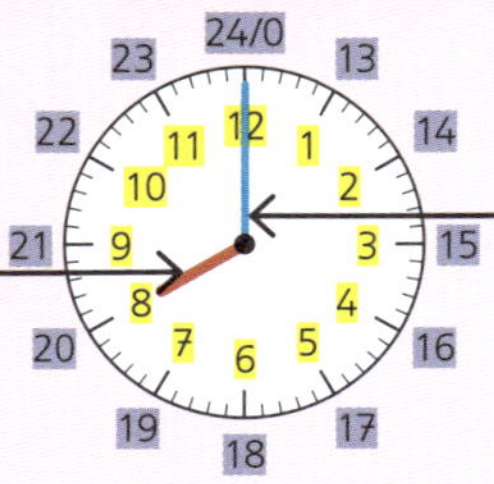

Langer Zeiger = Minutenzeiger

Es gibt immer zwei Uhrzeiten:

- eine frühe Zeit: 1 Uhr bis 12 Uhr
- eine späte Zeit: 13 Uhr bis 24/0 Uhr

(!) 1 Tag hat 24 Stunden.

1 Zeichne die fehlenden Teile der Uhr ein, sodass die Aussage stimmt.

2 Welche Uhr kann dir nicht die genaue Uhrzeit anzeigen? Kreuze an und begründe.

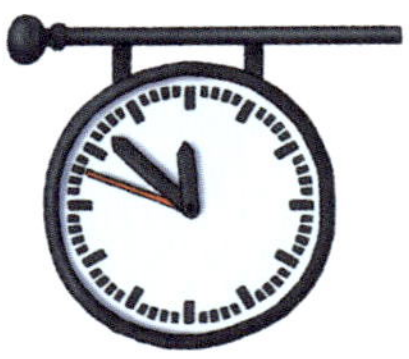 ○  ○  ○

____

____

3 Wie heißt die frühe und die späte Uhrzeit? Notiere beide Zeiten.

a

Frühe Uhrzeit: __________

Späte Uhrzeit: __________

b

Frühe Uhrzeit: __________

Späte Uhrzeit: __________

 1, 2 Mehrere Lösungen sind möglich.

Verschiedene Sprechweisen

Du kannst Uhrzeiten unterschiedlich ausdrücken.
Folgende Sprechweisen musst du dir merken:

Viertelstunde
viertel zwei
Viertel nach eins

halbe Stunde
halb zwei
30 Minuten nach eins

Dreiviertelstunde
dreiviertel zwei
Viertel vor zwei

volle Stunde
zwei Uhr
14:00 Uhr

1 Welche Uhrzeiten gehören zusammen? Male an.

30 Minuten nach acht

Viertel vor 4

23:59 Uhr

Viertel nach 4

15:45 Uhr

dreiviertel vier

halb neun

Gleich ist Mitternacht.

kurz vor 0 Uhr

16:15 Uhr

Der Kalender

Ein Kalender zeigt dir immer die Jahresübersicht. Du kannst mithilfe dieser Übersicht viel herausfinden:

Ein Jahr hat …
… 12 Monate.
… 52 Wochen und 1 oder 2 Tage.
… 365 Tage.

(!) Ein Schaltjahr hat 366 Tage.

Ein Monat hat …
… 4 Wochen.
… 30 oder 31 Tage.

(!) Der Februar hat 28 oder 29 Tage.

Eine Woche hat …
… 7 Tage.

2 Schaue dir das Kalenderblatt genau an und beantworte die Fragen.

Montag	Dienstag	Mittwoch	Donnerstag	Freitag	Samstag	Sonntag
					1	2
3	4	5	6 Eis	7	8	9
10 Wasserballturnier	11	12	13	14	15	16
17	18	19	20	21 Lesen	22 Kino	23
24 Tessas Geburtstag	25	26	27	28	29	30
31						

a Welchen Monat zeigt das Kalenderblatt? ______________________

b Wie viele Tage hat der Monat? ______________________

c Was findet vom 10.07.–12.07. statt? ______________________

Wie viele Tage dauert die Veranstaltung? ______________________

d Was ist am 24.07.? ______________________

e Kreuze den 27.07 rot an.
Welches Ereignis war vor 5 Tagen? ______________________

f Gibt es einen Eintrag am letzten Tag des Monats? ______________________

Ich kann jetzt …	✓
… Teile der Uhr benennen.	◯
… die frühe und die späte Uhrzeit unterscheiden.	◯
… unterschiedliche Schreib- und Sprechweisen von Uhrzeiten anwenden.	◯
… einen Kalender lesen.	◯

1 Erkennst du den Schein/die Münze?
Trage den fehlenden Wert ein.

a  ______

b  ______

c  ______

d  ______

e  ______

f  ______

g  ______

h  ______

i  ______

j  ______

Tipp
zum Lösen der Aufgabe: Merkkasten 1 „Münzen und Scheine"

2 Wie kannst du den Geldbetrag mit den vorgegebenen Münzen und Scheinen darstellen? Zeichne die jeweiligen Beträge ein, sodass es genau aufgeht.

a 7 € 25 ct

b 10 € 72 ct

c 9 € 31 ct

Tipp
zum Lösen der Aufgabe: Merkkasten 1 „Münzen und Scheine"

3 Verbinde den Gegenstand mit einem passenden Wert.

a 

b 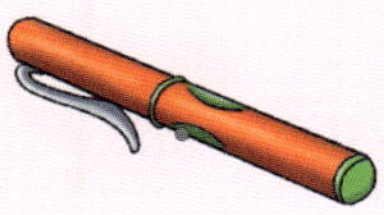

c 

d 

mehr als 100 €

weniger als 10 €

10 € bis 50 €

Tipp
zum Lösen der Aufgabe: Merkkasten 2 „Einkaufen"

1 Zum Teil sind mehrere Lösungen möglich.

1 Münzen und Scheine

Es gibt insgesamt acht Münzen und sechs Scheine.

Münzen: Hier siehst du die Münzen ihrem Wert nach geordnet.

Scheine: Die Scheine haben ebenfalls unterschiedliche Werte.
Je größer die Zahl auf dem Schein, umso höher ist sein Wert.

1 Verbinde die Münzen mit der richtigen Schatztruhe.

a

b

2 Wie kannst du den Geldbetrag mit den vorgegebenen Münzen und Scheinen darstellen? Zeichne die jeweiligen Beträge ein, sodass es genau aufgeht.

a 14 €

b 22 €

2 Einkaufen

Wenn du einkaufen gehst, brauchst du Geld, um dir etwas kaufen zu können.
Du kannst Gegenstände nach ihrem Preis sortieren:

weniger als 10 €

10 € bis 50 €

50 € bis 100 €

mehr als 100 €

3 Was kostet es ungefähr? Suche den Gegenstand im Bild und kreuze an.

	Gegenstand	weniger als 10 €	10 € bis 50 €	50 € bis 100 €	mehr als 100 €
a	Laptop				X
b	Kuscheltier				
c	Fahrrad				
d	Radiergummi				
e	Spiel				
f	Skateboard				
g	2 Bälle				

Euro und Cent

Du kennst jetzt alle Münzen und Scheine. Wenn du etwas kaufst, dann musst du dafür immer einen bestimmten Betrag an Euro und Cent bezahlen.

(!) 1 Euro ist mehr wert als 1 Cent.

1 Welche Kiste ist wertvoller? Kreuze an und begründe.

① 

② 

____

____

2 Was kostet es? Setze ein: € oder ct.

a  50 ct

b  1 ____ 60 ____

c  120 ____

d  45 ____

e 

1 ____ 10 ____

f  90 ____

3 Wie viel Geld ist es? Rechne zusammen und notiere den Betrag.

a 

____

b 

____

c 

____

1 Zum Teil sind mehrere Lösungen möglich.

Die Schmucksticker kannst du, wann immer du möchtest, in dein Heft kleben, um es zu verzieren.

Der Stickerbogen von
Durchblick mit Tessa Tinte – Mathe 2

Für jede fertig bearbeitete Vertiefungsseite in diesem Heft gibt es einen Belohnungssticker zum Einkleben in das Wimmelbild. Damit du den richtigen Platz im Wimmelbild finden kannst, sind sie mit den zugehörigen Seitenzahlen beschriftet.

Außerdem gibt es Schmucksticker:
Diese kannst du frei benutzen, um zum Beispiel dein Heft zu verzieren.

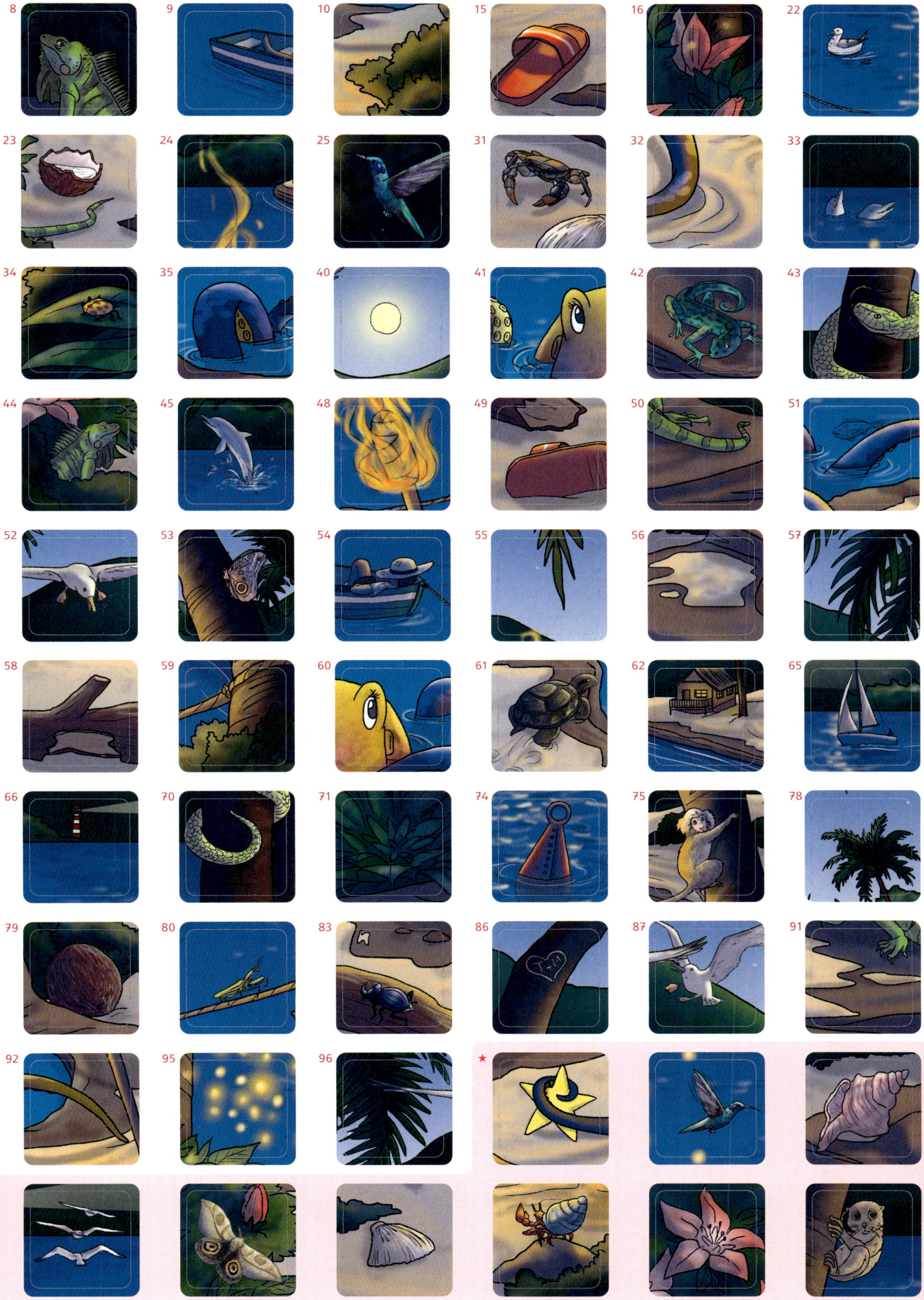

Die Schmucksticker kannst du, wann immer du möchtest, in dein Heft kleben, um es zu verzieren.

Der Stickerbogen von
Durchblick mit Tessa Tinte – Mathe 2

Für jede fertig bearbeitete Vertiefungsseite in diesem Heft gibt es einen Belohnungssticker zum Einkleben in das Wimmelbild. Damit du den richtigen Platz im Wimmelbild finden kannst, sind sie mit den zugehörigen Seitenzahlen beschriftet.

Außerdem gibt es Schmucksticker:
Diese kannst du frei benutzen, um zum Beispiel dein Heft zu verzieren.

Du hast dir die Grundlagen für alle wichtigen Themen erarbeitet.
Nun möchtest du den Stoff der zweiten Klasse noch einmal üben und Gelerntes vertiefen?
Dann schau dir unsere Übungshefte an!

Das Übungsheft Mathematik 2

Denk- und Rechentraining

Mit dem Übungsheft werden die Grundlagen für Mathematik optimal trainiert. Nur 5 Minuten jeden Tag machen fit in Mathe.

- Training der Grundaufgaben
- Produktives Üben mit System: abwechslungsreich und motivierend
- Neue Lernsoftware mit interaktiven Übungen zu jedem Rechenmeister und Lernvideos

Das Übungsheft Mathematik 2
14,8 x 22 cm (größer als DIN A5), 84 S., vierf., Gh, mit Stickerbogen und Lösungsheft
ISBN 978-3-619-25454-5

www.mildenberger-verlag.de/187

Das Übungsheft Deutsch 2

Rechtschreib- und Grammatiktraining

Alle wichtigen Themen aus den Lernbereichen Rechtschreibung und Grammatik in kleinen, gut portionierbaren Übungseinheiten.

- Alle wichtigen Lerninhalte aus Rechtschreibung und Grammatik
- Kleine, in sich abgeschlossene Lernportionen
- Mit Sticker-Belohnungssystem!

Das Übungsheft Deutsch 3
17 x 24 cm, 64 S., vierf., Gh, mit Stickerbogen und Lösungsheft
ISBN 978-3-619-24170-5

www.mildenberger-verlag.de/190

Das Übungsheft Musik 1/2

Klänge, Instrumente, Werke

Die Übungen sprechen die unterschiedlichen Lerneingangskanäle der Kinder in vielfältiger Weise an:
Sie lernen über Bewegung, über das Hören, Sprechen und Singen.

- Mit kostenlosem Online-Hörangebot
- Selbsterklärende Aufgaben zum selbstständigen Üben im Unterricht oder zu Hause
- Vielfältige Aufgabenformate zum Schreiben, Reflektieren, Vergleichen und Übertragen

Das Übungsheft Musik 1/2
17 x 24 cm, 64 S., vierf., Gh, mit Stickerbogen, Beilage und Lösungsheft, inkl. Audio-CD
ISBN 978-3-619-17289-4

www.mildenberger-verlag.de/799

Mathe 2

Durchblick mit Tessa Tinte

Grundlagen festigen – Neues sicher lernen

Erarbeitet von:

Laura Marie Geupel
Stefanie Werning

Lösungen

Mildenberger

1 Was gehört zusammen? Verbinde.

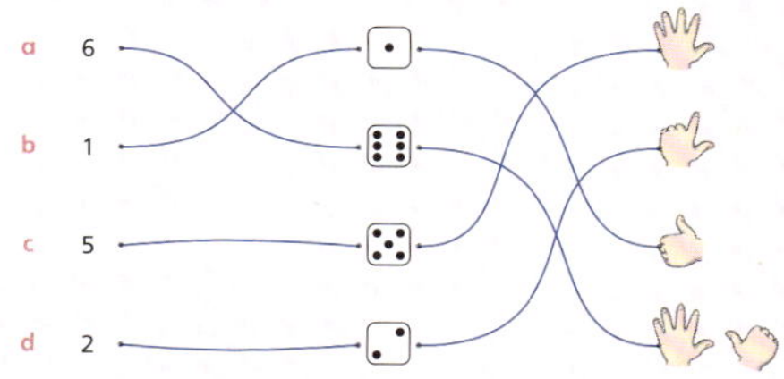

Tipp zum Lösen der Aufgabe: Merkkasten 1 „Zahldarstellung"

2 Zähle die Gegenstände und ergänze die Tabelle.

Tipp zum Lösen der Aufgabe: Merkkasten 1 „Zahldarstellung"

	Gegenstand	Strichliste
a		||||
b		𝍸 𝍸
c		𝍸 |

3 Schreibe als Zahl.

Tipp zum Lösen der Aufgabe: Merkkasten 2 „Zahlen richtig schreiben"

a 12 = zwölf b 17 = siebzehn c 8 = acht
d 1 = eins e 13 = dreizehn f 19 = neunzehn
g 14 = vierzehn h 2 = zwei i 11 = elf

1 Zahldarstellung

Wenn du eine Menge von etwas zählst, kannst du die Anzahl unterschiedlich darstellen:

① ② ③ ④ → Es sind insgesamt 4 Plättchen.

Strichliste	Fingerbild	Zehnerfeld	Würfel (Augenzahl)
||||		●●●●○○○○○○	⚃

Kraft der 5: Die Zahl 5 hilft dir, größere Mengen auf einen Blick zu erkennen. Folgende Markierungen musst du dir merken:

Querstrich 𝍸 — dicker Trennstrich/Fünferstreifen ●●●●●|○○○○○

1 Male die angegebene Anzahl in das Kästchen.

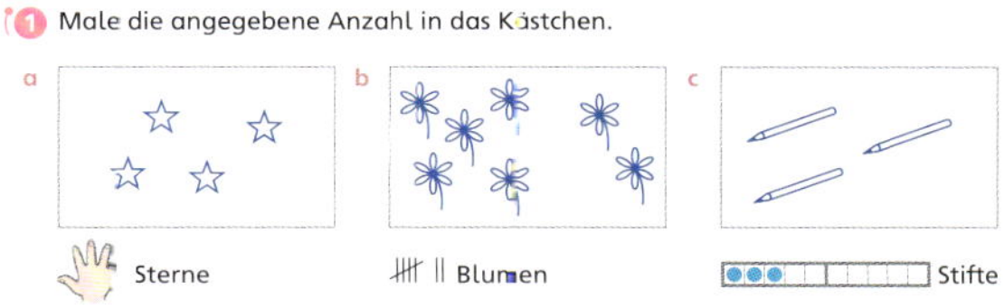

2 Ergänze die Tabelle. **

	Bild	Strichliste	Würfelbild	Zehnerfeld
a		𝍸 |	⚅	●●●●●●○○○○
b		|||	⚂	●●●○○○○○○○
c		𝍸	⚄	●●●●●○○○○○
d		|	⚀	●○○○○○○○○○

 ** Beispiellösung

3 Schaue dir das Unterwasserbild genau an. Ergänze die Tabelle.
Achte auf die Kraft der 5.

	Unterwassertier	Strichliste	Zwanzigerfeld	Anzahl
a		𝍸 ||	●●●●●●●	7
b		𝍸 𝍸 𝍸 ||||	●●●●●●●●●●●●●●●●●●●	19
c		𝍸 𝍸 𝍸	●●●●●●●●●●●●●●●	15

2 Zahlen richtig schreiben

Du kennst schon die Zahlen von 0 bis 20. Um die passenden Zahlwörter richtig schreiben zu können, ist es wichtig, dass du die Ziffern von 0 bis 9 schreiben kannst.

Zahl	Zahlwort
0	null
1	eins
2	zwei
3	drei
4	vier

Zahl	Zahlwort
5	fünf
6	sechs
7	sieben
8	acht
9	neun

4 Schreibe als Zahlwort.

a 3 = drei b 14 = vierzehn c 20 = zwanzig
d 16 = sechzehn e 0 = null f 5 = fünf

Zahlendarstellung

Du kannst die Zahlen bis 100 darstellen:

□ Hunderter | Zehner · Einer

1 Ergänze die Tabelle.

	Zahldarstellung	Zahl
a	|||| ...	43
b	||||| ||	77
c	|||	36

2 Stelle die Zahl dar.

a 34 = \|\|\| .... b 100 = □

c 80 = \|\|\|\| \|\|\|\| d 92 = \|\|\|\| \|\|\|\|\| ..

Zahlwörter

Du kannst jede Zahl als Ziffern (Beispiel: 25) und als Zahlwort schreiben.

Zahlwörter richtig schreiben

Schritt 1: Lies die Zahl und sprich sie laut aus. „25"

Schritt 2: Achte jetzt besonders darauf, wann du die Zehner und die Einer aussprichst. → zuerst Einer: „fünf" → dann Zehner: „zwanzig"

Schritt 3: Schreibe das Zahlwort so auf, wie du es ausgesprochen hast: erst die Einer, dann die Zehner. Zwischen den Einern und Zehnern steht ein „und". 25 = fünfundzwanzig → Einer zuerst

ⓘ Schreibst du die Zahl als Ziffern, ist es genau umgekehrt: erst die Zehner, dann die Einer. 25 → Zehner zuerst

3 Schreibe als Zahlwort. Notiere die Einer rot und die Zehner blau.

a 25 = fünfundzwanzig b 63 = dreiundsechzig

c 88 = achtundachtzig d 97 = siebenundneunzig

e 42 = zweiundvierzig f 36 = sechsunddreißig

4 Lies die Zahlwörter und suche die passende Zahl bei den Tieren.

a Trage die Zahl in die Tabelle ein und notiere unten den Buchstaben. Wie heißt das Lösungswort?

	Zahl	Zahlwort
1	46	sechsundvierzig
2	33	dreiunddreißig
3	72	zweiundsiebzig
4	40	vierzig
5	67	siebenundsechzig

Lösungswort: A L G E N (1 2 3 4 5)

b Das vierte Zahlwort ist besonders. Was unterscheidet dieses Zahlwort von den anderen? **

In dem Zahlwort „vierzig" ist kein „und" enthalten.

Besondere Zahlwörter

In folgenden Zahlwörtern gibt es kein „und":

- alle Zehnerzahlen zehn, zwanzig, dreißig ...
- alle Zahlwörter bis „zwanzig" dreizehn, vierzehn ...

ⓘ 100 = einhundert

5 Notiere fünf besondere Zahlwörter, die nicht im Merkkasten stehen. **

drei, elf, achtzehn, fünfzig, sechzig

**Beispiellösung

Zahlenstrahl

Jede Zahl wird einem Strich zugeordnet: Die Fünfer- und Zehnerzahlen bekommen größere Striche zur besseren Orientierung.

Zwischen zwei benachbarten Zahlen ist der Abstand immer gleich groß.

Auf einem Zahlenstrahl werden die Zahlen der Größe nach geordnet.

ⓘ Je weiter rechts die Zahlen stehen, umso größer sind sie.

6 Beschrifte den Zahlenstrahl.

a 20, 21, 24, 26, 27, 28, 30 (Zahlenstrahl: 23, 25)

b 72, 73, 77, 78, 81, 84, 86, 88, 89 (Zahlenstrahl: 70, 80)

c 35, 36, 38, 43, 47, 48 (Zahlenstrahl: 40, 50)

Ich kann jetzt ...	✓
... Zahlen richtig darstellen.	○
... Zahlwörter richtig bilden und schreiben.	○
... Zahlen auf dem Zahlenstrahl verorten.	○

1 Male immer 5 Seesterne in der gleichen Farbe an. Wie viele sind es insgesamt? Zähle mithilfe einer Strichliste. **

Tipp zum Lösen der Aufgabe: Merkkasten 1 „Die Kraft der 5"

Anzahl Seesterne: 𝍸 𝍸

2 Male für jede Muschel ein Plättchen in das Zehnerfeld. Wie viele sind es? Schreibe die Anzahl auf.

Tipp zum Lösen der Aufgabe: Merkkasten 1 „Die Kraft der 5"

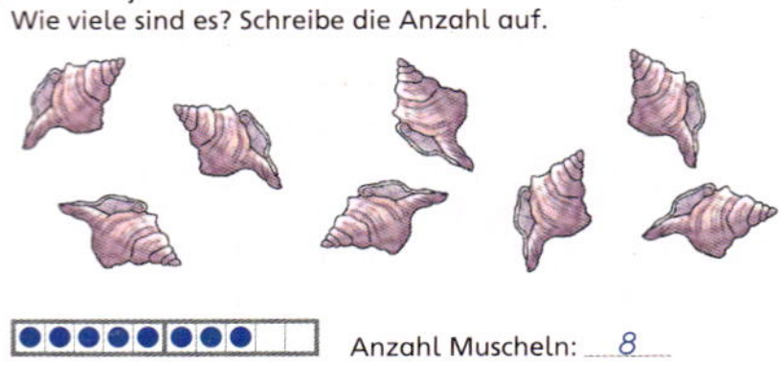

Anzahl Muscheln: 8

3 Zerlege die Zahl in ihre Stellenwerte.

Tipp zum Lösen der Aufgabe: Merkkasten 2 „Stellenwerte"

a 5 → 0 Zehner und 5 Einer

b 11 → 1 Zehner und 1 Einer

c 13 → 1 Zehner und 3 Einer

d 20 → 2 Zehner und 0 Einer

4 Wie heißt die Zahl? Bündele immer 10 und trage ein.

Tipp zum Lösen der Aufgabe: Merkkasten 3 „Bündeln im Zahlenraum bis 20"

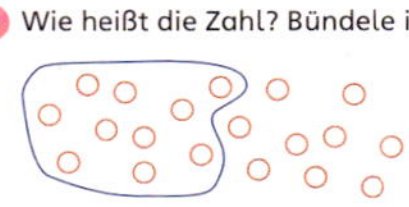

Z	E
1	9

**Beispiellösung

1 Die Kraft der 5

Bei kleineren Anzahlen hilft es dir, die Menge 5 schnell zu erkennen.

→ Strichliste → Zehnerfeld

Damit du die Menge 5 nicht immer wieder neu abzählen musst, gibt es Markierungen:

Hier erkennst du die Menge 5 an dem Querstrich.

Hier erkennst du die Menge 5 an dem **dicken Mittelstrich** und am **Fünferstreifen.**

1 Wie viele sind es? Zähle und schreibe als Strichliste auf.

a 

b 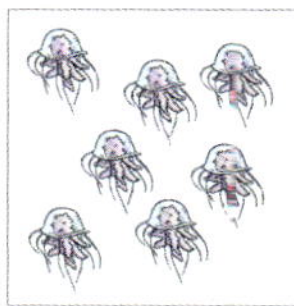

c 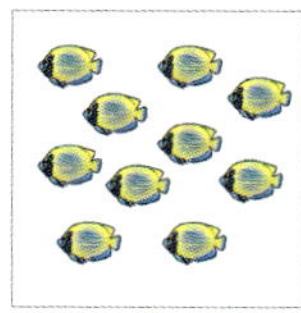

a 𝍸 |||| Seesterne b 𝍸 || Quallen c 𝍸 𝍸 Fische

2 Schreibe die Anzahl auf.
Nutze die Kraft der 5.

a 7 Plättchen
b 5 Plättchen
c 10 Plättchen
d 9 Plättchen
e 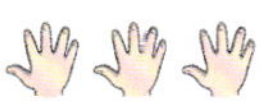 15 Finger
f 𝍸 𝍸 ||| 13 Striche
g 𝍸 ||| 8 Striche

3 Tessa Tinte und ihr Freund Toni haben Bilder von den Schildkröten gemalt.

a Auf welchem Bild kannst du schneller die Anzahl der Schildkröten erkennen? Kreuze an.

Tonis Bild:

○

Tessa Tintes Bild:

☒

b Begründe deine Wahl. **

Ich kann die Anzahl der Schildkröten schneller auf Tessa Tintes Bild erkennen, weil sie die Kraft der 5 nutzt. Immer 5 Schildkröten sind in einer Reihe zusammengefasst.

2 Stellenwerte

Du weißt, dass Wörter aus einzelnen Buchstaben bestehen. Genauso bestehen Zahlen aus einzelnen Ziffern. Es gibt insgesamt zehn verschiedene Ziffern:

(!) 0, 1, 2, 3, 4, 5, 6, 7, 8, 9

Je nachdem an welcher Stelle innerhalb der Zahl die Ziffer steht, hat sie einen anderen Wert. Der Wert einer Ziffer hängt also von ihrer Stelle innerhalb der Zahl ab.

(!) Man nennt die Position einer Ziffer innerhalb der Zahl „Stellenwert".

Beispiel: die Zahl 18

Ganz rechts stehen die Einer bei einer Zahl. Links daneben stehen die Zehner.

→ Die Ziffer 8 hat in der Zahl 18 den Wert 8 Einer.
→ Die Ziffer 1 hat in der Zahl 18 den Wert 1 Zehner.

** Beispiellösung

4 Zerlege die Zahl in ihre Stellenwerte.

a 12 = 1 Zehner und 2 Einer b 15 = 1 Zehner und 5 Einer
c 9 = 0 Zehner und 9 Einer d 20 = 2 Zehner und 0 Einer

5 Bilde aus den Ziffernkarten die größte und die kleinste zweistellige Zahl.

2 1

a Kleinste zweistellige Zahl: 12 b Größte zweistellige Zahl: 21

3 Bündeln im Zahlenraum bis 20

Bei größeren Anzahlen hilft es dir, zu bündeln: 10 Einer = 1 Zehner.

Kraft der 5

10 E → 10 E = 1 Zehner (Z)

6 Bündele immer 10. Schreibe die Anzahl auf.

a 

12

b 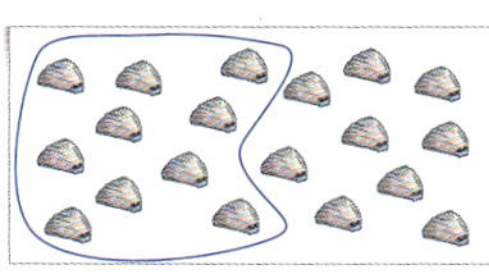

19

c 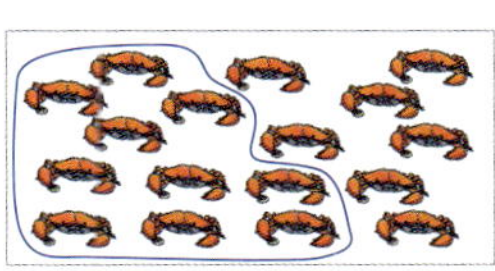

17

d 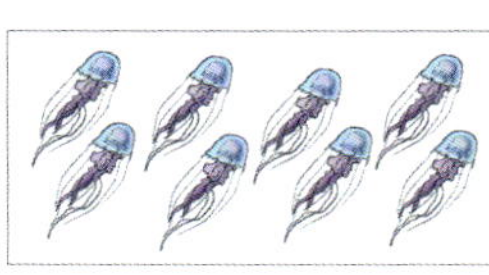

8

Bündeln im Zahlenraum bis 100

Auch im Zahlenraum bis 100 hilft dir das Bündeln dabei, Anzahlen schneller zu erkennen: 10 Zehner = 1 Hunderter.

(!) 1 Hunderter (H) = 10 Z = 100 E

1 Bündele immer 10. Schreibe die Anzahl auf.

a 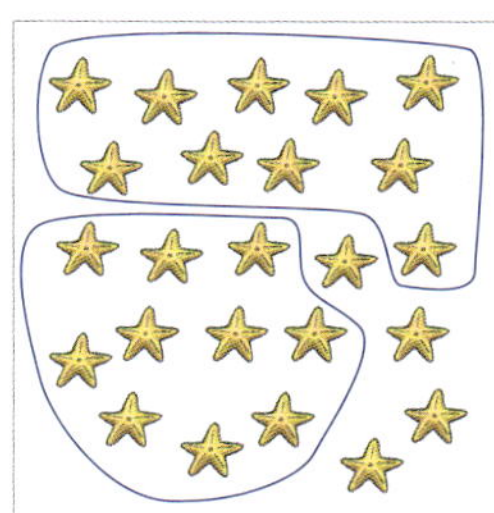

2 Zehner und 4 Einer → 24

b 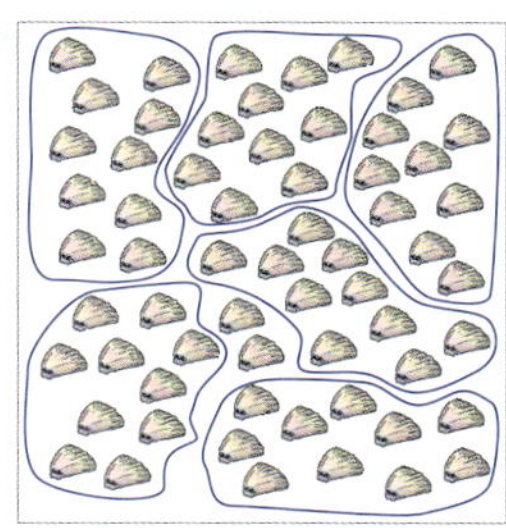

6 Zehner und 2 Einer → 62

c 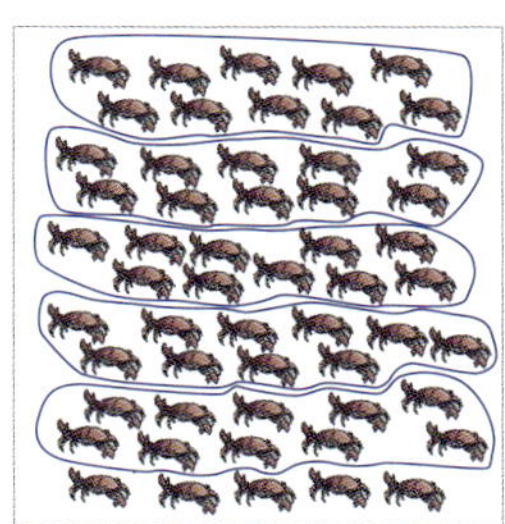

5 Zehner und 5 Einer → 55

d 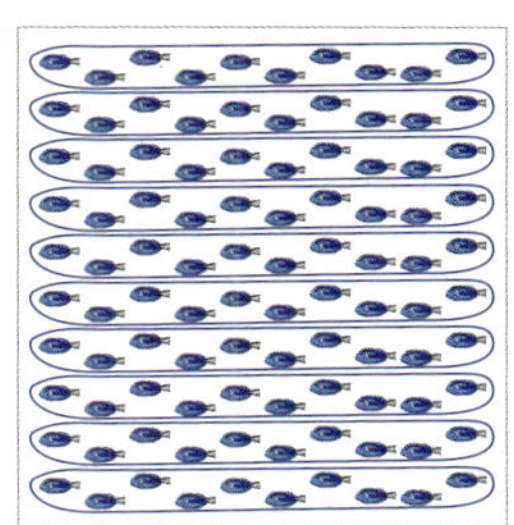

10 Zehner und 0 Einer → 1 Hunderter → 100

Bündeln · Zahlen und Zahlraumvorstellungen — Vertiefung

Stellenwerttafel

Die Stellenwerttafel hilft dir dabei, die Werte der Ziffern einer Zahl zu erkennen.

Zahl: 46

H	Z	E
	4	6

Die Zahl 46 besteht aus den Ziffern 4 und 6.
Die Ziffer 4 hat den Wert 4 Zehner. Die Ziffer 6 hat den Wert 6 Einer.

(!) Du trägst die Stellenwerte einer Zahl immer von rechts nach links in die Stellenwerttafel ein.

2 Wie heißt die Zahl? Bündele immer 10.
Trage die Zahl in die Stellenwerttafel ein.

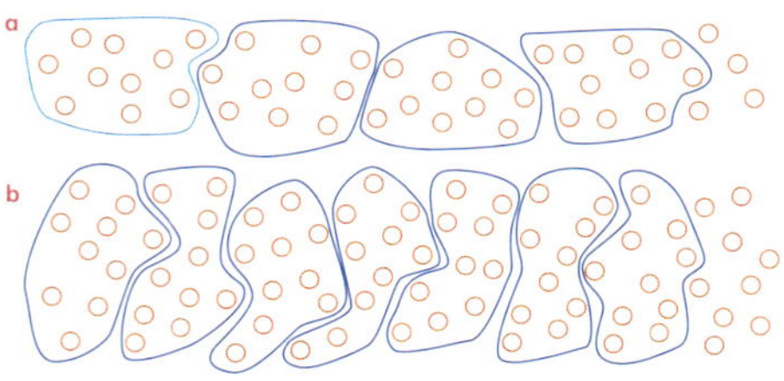

a

H	Z	E
	4	4

b

H	Z	E
	7	9

3 Löse das Zahlenrätsel. Trage die Lösung in die Stellenwerttafel ein.

a Die Zahl hat 2 Einer. Die Zehnerziffer ist um 3 größer als die Einerziffer.

b Die Zahl hat 4 Zehner. Die Einerziffer ist halb so groß.

	H	Z	E
a		5	2
b		4	2

Ich kann jetzt … ✓
- … die Kraft der 5 nutzen, um Anzahlen schnell zu erkennen.
- … richtig bündeln.
- … Zahlen in ihre Stellenwerte zerlegen und diese benennen.
- … Zahlen richtig in eine Stellenwerttafel eintragen.

16

Zahlvergleiche · Zahlen und Zahlraumvorstellungen — Test

1 Schreibe die Zahlzerlegung auf. Bestimme die Gesamtmenge.

a 6: 3 | 3 b 4: 1 | 3 c 2: 2 | 0

Tipp zum Lösen der Aufgabe: Merkkasten 1 „Zahlzerlegungen" a

2 Ergänze die verliebten Zahlen.

a 4 | 6 b 5 | 5 c 1 | 9

Tipp zum Lösen der Aufgabe: Merkkasten 1 „Zahlzerlegungen" b

3 Ergänze das Zerlegungshaus.

a

2	
0	2
1	1
2	0

b

5	
0	5
1	4
3	2

c

8	
6	2
3	5
4	4

Tipp zum Lösen der Aufgabe: Merkkasten 1 „Zahlzerlegungen" c

4 In welcher Reihenfolge erreichen die Tiere das Ziel? Nummeriere.

Tipp zum Lösen der Aufgabe: Merkkasten 2 „Ordnungszahlen"

5 Vergleiche die Zahlen. Ergänze die Zeichen >, < oder =.

a 4 < 5 b 6 = 6 c 10 > 2
d 1 < 2 e 7 < 9 f 8 = 8

Tipp zum Lösen der Aufgabe: Merkkasten 3 „Größer, kleiner, ist gleich"

17

Zahlvergleiche · Zahlen und Zahlraumvorstellungen — Hinweis

1 Zahlzerlegungen

a Es gibt mehrere Möglichkeiten, Zahlen zu zerlegen. Du teilst eine Menge dabei immer in verschiedene Teilmengen auf.

Schüttelbox
Tessa Tinte hat eine Schüttelbox mit 5 Kugeln. Wenn sie die Box schüttelt, verteilen sich die Kugeln auf die zwei Seiten.

0 + 5 1 + 4 2 + 3 3 + 2 4 + 1 5 + 0

1 Zeichne die Zahlzerlegung ein, indem du Kugeln in die Schüttelbox malst. **

a 5 b 7 c 4 d 3

2 Schreibe die Zahlzerlegung auf und bestimme die Gesamtmenge.

a 9: 4 | 5 b 6: 3 | 3 c 2: 1 | 1 d 10: 7 | 3

3 Kannst du alle Zahlzerlegungen der Zahl 4 finden? Zeichne sie ein. **

① ② ③ ④ ⑤

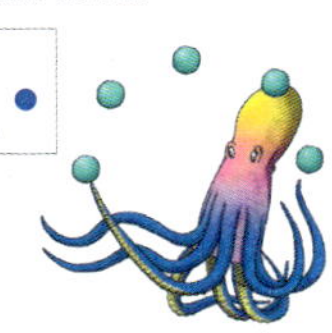

18 ** Beispiellösung

Zahlvergleiche · Zahlen und Zahlraumvorstellungen — Hinweis

b **Verliebte Zahlen**
Bei der Zerlegung der Zahl 10 helfen dir die verliebten Zahlen:
Zwei verliebte Zahlen ergeben zusammengerechnet immer 10.

1 + 9 = 10 (1 | 9)

4 Finde die verliebten Zahlen, die zusammen 10 ergeben.

a Male zusammengehörende Herzteile in derselben Farbe an.

2 6 10 3 1
9 0 8 4 7

b Ein verliebtes Zahlenpaar wurde vergessen. Schreibe die fehlende Zerlegungsaufgabe der Zahl 10 in die beiden Herzhälften, die Tessa Tinte in ihren Tentakeln hält.

c **Zerlegungshäuser**
Jedes Zerlegungshaus besteht aus einem Dach und Stockwerken.
- Dach: Hier steht immer die Zahl, die zerlegt wird.
- Stockwerke: Jedes Stockwerk besteht aus zwei Zimmern. In jedem Zimmer wohnt eine Zahl. Beide zusammen ergeben die Dachzahl.

Stockwerk — Dachzahl

3	
0	3
1	2
2	1
3	0

19

5 Ergänze das Zerlegungshaus.

a (Dachzahl 5)

1	4
5	0
3	2
0	5
2	3

b (Dachzahl 9)

5	4
8	1
9	0
3	6
7	2

c (Dachzahl 7)

5	2
6	1
4	3
7	0
3	4

6 Bestimme die Dachzahl. Ergänze das Zerlegungshaus.

a (Dachzahl 6)

4	2
5	1
2	4
0	6
3	3
6	0

b (Dachzahl 8)

4	4
6	2
5	3
1	7
7	1
0	8

c (Dachzahl 10)

8	2
1	9
3	7
8	2
5	5
4	6

d Wie hast du die Dachzahlen herausgefunden? Beschreibe. **

In jedem Zerlegungshaus sind in einem Stockwerk beide Zahlen angegeben. Wenn ich sie zusammenrechne, erhalte ich die Dachzahl.

2 Ordnungszahlen

Eine Ordnungszahl gibt an, an welcher Stelle sich jemand oder etwas befindet. Du kannst mit Ordnungszahlen also eine Reihenfolge bilden.

(!) Hinter einer Ordnungszahl steht immer ein Punkt.

Tessa Tinte schwimmt an zweiter Stelle durch das Ziel. Sie ist also Zweite.

7 Ergänze die fehlenden Ordnungszahlen.

8 Male die Meerestiere an 2., 4. und 5. Stelle farbig an.

3 Größer, kleiner, ist gleich

Du kannst Zahlen auch miteinander vergleichen. Dabei helfen dir folgende Zeichen:

größer als — ist gleich — kleiner als

(!) Das Krokodil frisst immer die größere Zahl.

9 Vergleiche die Zahlen. Ergänze die Zeichen >, < oder =.

a 12 < 14 — b 11 > 8 — c 20 > 19

d 7 = 7 — e 16 > 10 — f 13 < 15

10 Ergänze die fehlende Zahl, sodass das Zeichen >, < oder = stimmt. **

a 3 > *2* — b *15* > 14 — c 20 = *20*

d *17* < 19 — e 11 < *15* — f 8 < *18*

Zahlen mit dem Zahlenstrahl vergleichen

Auf einem Zahlenstrahl werden Zahlen der Größe nach geordnet.
(!) Je weiter rechts eine Zahl auf dem Zahlenstrahl liegt, desto größer ist sie.

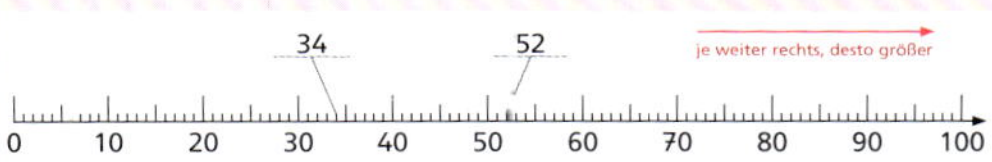

34 ist kleiner als 52 (34 < 52).
→ 34 steht weiter links auf dem Zahlenstrahl.

52 ist größer als 34 (52 > 34).
→ 52 steht weiter rechts auf dem Zahlenstrahl.

1 Wo liegen die Zahlen auf dem Zahlenstrahl?

a Verbinde.

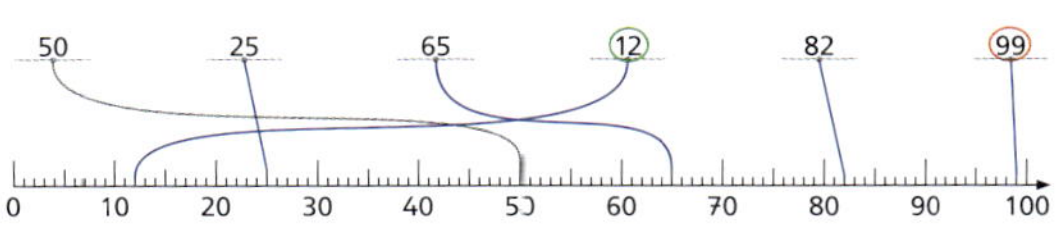

b Umkreise die größte Zahl rot.

c Umkreise die kleinste Zahl grün.

** d Vergleiche zwei Zahlen aus **Teilaufgabe a** miteinander. Verwende eines der Zeichen >, < oder =.

65 < 82

2 Welche Zahl liegt auf diesem Zahlenstrahl genau in der Mitte? Begründe. **

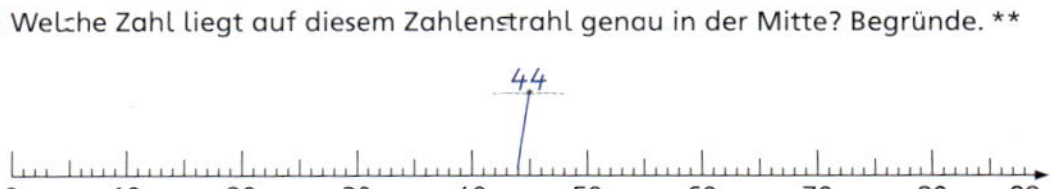

Die Zahl 44 liegt auf diesem Zahlenstrahl genau in der Mitte. Sie ist die Hälfte von der Zahl 88, die ganz rechts steht.

Vorgänger, Nachfolger und Nachbarzehner

Vorgänger: Die Zahl, die genau vor einer Zahl kommt.
(!) Es verändern sich die Einer.
Nachfolger: Die Zahl, die genau nach einer Zahl kommt.

25 – 1 = 24 ← 25 → 25 + 1 = 26

Nachbarzehner: Zehner: bleibt gleich, Einer: 0
(!) Der Nachbarzehner ist der Zehner vor oder nach der Zahl. Die Einer werden immer 0.
Nachbarzehner: Zehner: + 1, Einer: 0

20 ← 25 → 30

3 Beschrifte den Zahlenstrahl.

a Notiere Vorgänger und Nachfolger auf dem Zahlenstrahl.

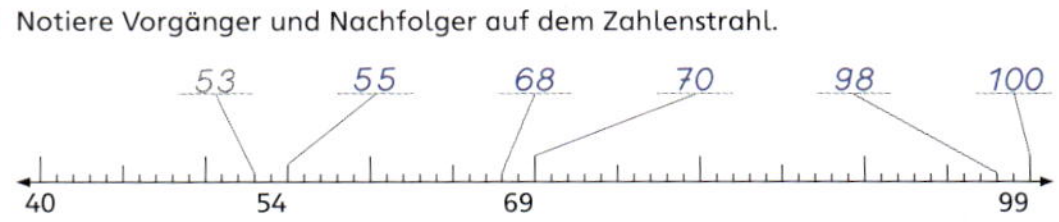

b Was ist das Besondere an dem Nachfolger der Zahl 99? Beschreibe. **

Der Nachfolger der Zahl 99 besteht aus 3 Ziffern (100).

4 Ergänze die Tabelle.

	Nachbarzehner	Zahl	Nachbarzehner
a	*80*	83	*90*
b	*40*	50	*60*

Ich kann jetzt …	✓
… Zahlen zerlegen (Schüttelbox, verliebte Zahlen, Zerlegungshäuser).	○
… mithilfe von Ordnungszahlen eine Reihenfolge bilden.	○
… Die Zeichen >, < und = richtig verwenden.	○
… Vorgänger, Nachfolger und Nachbarzehner einer Zahl bestimmen.	○

Anzahlen schätzen, zählen und runden

Manchmal brauchst du kein genaues Ergebnis, sondern es reicht eine ungefähre Angabe.

Schritt 1: Schätze zuerst die Anzahl der gesamten Menge.

Schritt 2: Zähle danach die gesamte Menge, um die genaue Anzahl herauszufinden.

Schritt 3: Runde danach die genaue Anzahl, um mit der Zahl einfacher rechnen zu können.

ⓘ Schätzen → Zählen → Runden

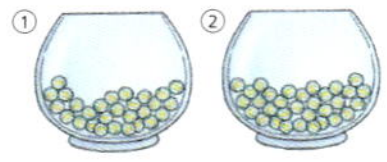

„Ich schätze, es sind 20 Murmeln in Glas 1 und 30 in Glas 2."

Inhalt-Glas 1: 28 ≈ 30 — Inhalt-Glas 2: 32 ≈ 30

Wie viele Murmeln sind ungefähr in beiden Gläsern zusammen?
30 + 30 = 60

1 Wie viele sind es? Ergänze nacheinander die Spalten in der Tabelle: Schätze zuerst und zähle anschließend. **

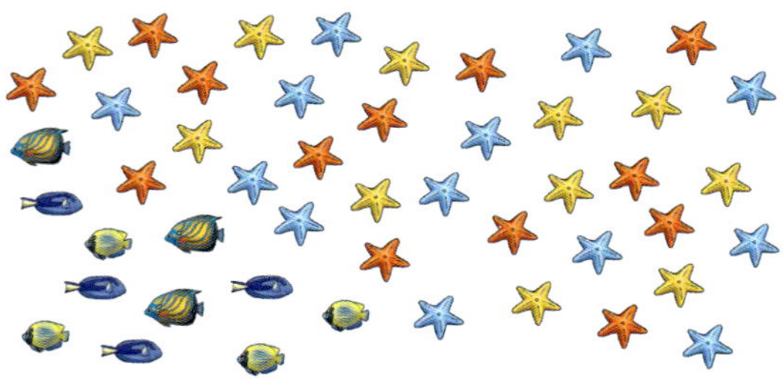

	Tier	geschätzte Anzahl	gezählte Anzahl	Stellenwerte	Zahlwort
a	Seesterne	40	37	3Z 7E	siebenunddreißig
b	Fische	10	11	1Z 1E	elf

 ** Beispiellösung

Runden im Zahlenraum bis 100

Durch auf- oder abrunden von Zahlen, kannst du leichter mit ihnen rechnen. So gehst du beim Runden vor:

Schritt 1: Finde die Nachbarzehner.

Schritt 2: Welcher Nachbarzehner ist näher an deiner Zahl?

Schritt 3: Runde auf oder ab.

ⓘ Bei den Ziffern 0, 1, 2, 3 und 4 rundest du ab. Bei den Ziffern 5, 6, 7, 8 und 9 rundest du auf. — ↓ 0 bis 4 — ↑ 5 bis 9

2 Bestimme beide Nachbarzehner.

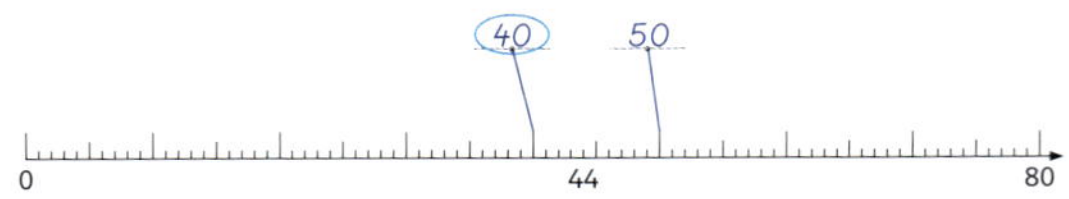

a Welcher Nachbarzehner ist näher an der markierten Zahl? Umkreise ihn blau.

b Ergänze die Tabelle.

Nachbarzehner	Zahl	Nachbarzehner	Zahl gerundet
40	44	50	40

3 Unterstreiche die Einerstelle rot. Runde dann auf die Zehnerstelle.

a 41 ≈ 40 — b 78 ≈ 80 — c 22 ≈ 20 — d 55 ≈ 60

e 72 ≈ 70 — f 7 ≈ 10 — g 85 ≈ 90 — h 94 ≈ 90

4 Male die Felder blau an, die du auf 100 aufrunden kannst.

91	98	95	90	93	96	92	99

Ich kann jetzt ... ✓

... schätzen, zählen und runden. ○

... die Rundungsregeln nennen und richtig anwenden. ○

1 Welche Aufgabe passt zu dem Bild? Verbinde.

a  b 

3 + 4 = 7 — 7 + 4 = 11 — 4 + 7 = 11 — 4 + 3 = 7

Tipp: zum Lösen der Aufgabe: Merkkasten 1 „Plusaufgaben im Zahlenraum bis 20"

2 Berechne zuerst die kleine Aufgabe.

a 3 + 6 = 9; 13 + 6 = 19 — b 2 + 6 = 8; 12 + 6 = 18 — c 4 + 3 = 7; 14 + 3 = 17

Tipp: zum Lösen der Aufgabe: Merkkasten 2 „Kleine und große Aufgaben" a und b

3 Löse die Plusaufgabe. Rechne erst bis zum Zehner und dann weiter.

a 5 + 8 = 13; 5 + 5 = 10; 10 + 3 = 13

b 7 + 4 = 11; 7 + 3 = 10; 10 + 1 = 11

c 8 + 6 = 14; 8 + 2 = 10; 10 + 4 = 14

Tipp: zum Lösen der Aufgabe: Merkkasten 3 „Bis zum Zehner, dann weiter"

4 Mit welchem Rechentrick kannst du die Aufgabe **5 + 7** geschickt lösen? Erkläre. **

Ich kann die Aufgabe mit dem Trick „Bis zum Zehner, dann weiter" lösen: Ich teile die 7 auf: Zuerst ergänze ich von der 5 bis zur 10. Ich rechne also: 5 + 5 = 10. Jetzt habe ich von der 7 schon 5 dazugerechnet, bleiben noch 2 übrig. Ich rechne noch 2 dazu: 10 + 2 = 12.

Tipp: zum Lösen der Aufgabe: Merkkasten 3 „Bis zum Zehner, dann weiter"

 ** Beispiellösung

1 Plusaufgaben im Zahlenraum bis 20

Eine Plusaufgabe beschreibt, dass zu einer vorhandenen Menge noch etwas dazukommt. Beim Plusrechnen verwendest du das Rechenzeichen + (plus).

Hier sind 3 Kinder. „drei" 3 → 2 Kinder kommen dazu. „plus zwei" + 2 → Jetzt sind es 5 Kinder. „ist gleich fünf" = 5

1 Schreibe die passende Plusaufgabe zu dem Bild und rechne sie aus.

a  5 + 2 = 7

b  5 + 1 = 6

c  4 + 2 = 6

2 Schreibe die passende Plusaufgabe zu dem Zehnerfeld und rechne sie aus.

a 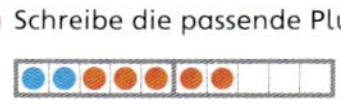 2 + 5 = 7

b 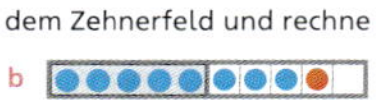 8 + 1 = 9

c 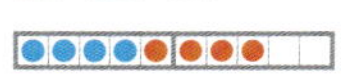 4 + 4 = 8

d 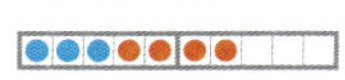 3 + 4 = 7

3 Rechne die Plusaufgabe aus.

a 5 + 3 = 8 — b 6 + 2 = 8 — c 2 + 7 = 9

d 1 + 5 = 6 — e 2 + 4 = 6 — f 0 + 3 = 3

2 Kleine und große Aufgaben

a Um Plusaufgaben **ohne Zehnerübergang** in einem größeren Zahlenraum („große Aufgaben") zu lösen, können dir „kleine Aufgaben" helfen.

4 Schaue dir die beiden Plusaufgaben genau an.

a Rechne die Aufgaben aus.

① 4 + 3 = 7 — 4 plus 3 ist gleich 7

② 14 + 3 = 17 — 14 plus 3 ist gleich 17

b Was fällt dir auf? Beschreibe.

Die Einer der ersten und zweiten Zahl beider Aufgaben sind gleich (4, 3). Bei der zweiten Aufgabe kommt zu der ersten Zahl ein Zehner dazu (aus 4 wird 14). Die Einer beider Ergebnisse sind wieder gleich (7). Bei der zweiten Aufgabe kommt im Ergebnis wieder der Zehner hinzu (aus 7 wird 17). Die erste Aufgabe ist also Teil der zweiten Aufgabe, weil sich die Einer nicht verändern.

b Mithilfe der kleinen Aufgabe kannst du die große Aufgabe leicht lösen.

Kleine Aufgabe: 5 + 2 = 7 → Große Aufgabe: 15 + 2 = 17

Achte auf die Einer:
Die kleine Aufgabe ist immer ein Teil der großen Aufgabe.

5 + 2 = 7 → 15 + 2 = 17

① Weil es keinen Zehnerübergang gibt, ändert sich der Zehner nicht.

3 Bis zum Zehner, dann weiter

Um Plusaufgaben **mit Zehnerübergang** zu lösen, ergänzt du erst bis zum nächsten Zehner und rechnest dann weiter.

Beispiel: 25 + 7

Schritt 1: Fülle die erste Zahl bis zum nächsten Zehner auf. (25 —+5→ 30)

Schritt 2: Rechne den Rest der zweiten Zahl dazu. (25 —+5→ 30 —+2→ 32)

Den Rest der zweiten Zahl erhältst du durch die Zahlzerlegung: 7 = 5 + 2

25 + 7 = 32
25 + 5 = 30
30 + 2 = 32

5 Löse die Plusaufgabe wie im Merkkasten mithilfe des Rechenstrichs. Rechne erst bis zum Zehner und dann weiter.

a 6 + 9 = 15 (6 —+4→ 10 —+5→ 15); 6 + 9 = 15, 6 + 4 = 10, 10 + 5 = 15

b 8 + 5 = 13 (8 —+2→ 10 —+3→ 13); 8 + 5 = 13, 8 + 2 = 10, 10 + 3 = 13

c 7 + 8 = 15 (7 —+3→ 10 —+5→ 15); 7 + 8 = 15, 7 + 3 = 10, 10 + 5 = 15

6 Löse die Plusaufgabe. Rechne erst bis zum Zehner und dann weiter.

a 5 + 8 = 13; 5 + 5 = 10; 10 + 3 = 13
b 7 + 5 = 12; 7 + 3 = 10; 10 + 2 = 12
c 4 + 8 = 12; 4 + 6 = 10; 10 + 2 = 12
d 4 + 7 = 11; 4 + 6 = 10; 10 + 1 = 11
e 7 + 6 = 13; 7 + 3 = 10; 10 + 3 = 13
f 6 + 7 = 13; 6 + 4 = 10; 10 + 3 = 13

7 Löse die Sachaufgabe. Rechne erst bis zum Zehner und dann weiter.

In der Klasse 2b sitzen schon 7 Kinder im Sitzkreis. 8 Kinder kommen aus der Pause wieder dazu, 4 Kinder waren auf der Toilette.

Frage: Wie viele Kinder sitzen jetzt im Kreis? **

Rechnung: 7 + 8 = 15; 7 + 3 = 10; 10 + 5 = 15; 15 + 4 = 19

Antwort: Im Kreis sitzen jetzt 19 Kinder.

„Bis zum Zehner, dann weiter" im Zahlenraum bis 100

Der Rechenweg „Bis zum Zehner, dann weiter" bleibt im Zahlenraum bis 100 genau gleich. Nur die erste Zahl wird größer.

56 —+4→ 60 —+3→ 63

56 + 7 = 63
56 + 4 = 60
60 + 3 = 63

1 Löse die Plusaufgabe. Rechne erst bis zum Zehner und dann weiter.

a 35 + 7 = 42; 35 + 5 = 40; 40 + 2 = 42
b 58 + 5 = 63; 58 + 2 = 60; 60 + 3 = 63
c 64 + 8 = 72; 64 + 6 = 70; 70 + 2 = 72
d 83 + 9 = 92; 83 + 7 = 90; 90 + 2 = 92
e 26 + 7 = 33; 26 + 4 = 30; 30 + 3 = 33
f 47 + 5 = 52; 47 + 3 = 50; 50 + 2 = 52

2 Löse die Sachaufgabe. Rechne erst bis zum Zehner und dann weiter.

Du atmest etwa 25-mal pro Minute. Wenn du dich beim Sport anstrengst, atmest du etwa 8 Atemzüge mehr.

Frage: Wie oft atmest du etwa pro Minute, wenn du dich anstrengst?

Rechnung: 25 + 8 = 33; 25 + 5 = 30; 30 + 3 = 33

Antwort: Wenn ich mich anstrenge, atme ich etwa 33-mal pro Minute.

Tauschaufgaben

Wenn du eine Plusaufgabe rechnest, ist die Reihenfolge der Zahlen egal.

Beispiel: 7 + 57 → Um diese Aufgabe geschickt zu lösen, kannst du beide Zahlen vertauschen.

7 + 57

57 + 7 → **57 + 7** ist also die Tauschaufgabe von 7 + 57.

57 + 7 kannst du jetzt ganz einfach mit dem Rechenweg „Bis zum Zehner, dann weiter" lösen.

57 + 7 = 64
57 + 3 = 60
60 + 4 = 64

ⓘ Vertausche die Zahlen einer Plusaufgabe, um einfacher rechnen zu können.

3 Rechne die Plusaufgabe mithilfe der Tauschaufgabe aus.

a 8 + 47 = 55; 47 + 8 = 55
b 7 + 56 = 63; 56 + 7 = 63
c 5 + 78 = 83; 78 + 5 = 83
d 6 + 67 = 73; 67 + 6 = 73
e 4 + 58 = 62; 58 + 4 = 62
f 7 + 36 = 43; 36 + 7 = 43

4 Schreibe die Tauschaufgabe auf. Male die Kästchen in der jeweiligen Farbe an. Rechne dann die Aufgaben aus.

a 9 + 35 = 44; 35 + 9 = 44
b 3 + 69 = 72; 69 + 3 = 72
c 6 + 86 = 92; 86 + 6 = 92
d 5 + 48 = 53; 48 + 5 = 53
e 8 + 73 = 81; 73 + 8 = 81
f 4 + 18 = 22; 18 + 4 = 22

Nähe zum Zehner

Um Plusaufgaben **mit Zehnerübergang** im Zahlenraum bis 100 zu lösen, kannst du den Rechenweg „Nähe zum Zehner" anwenden.

Beispiel: 55 + 29 → Die 29 liegt nah an der 30.

Schritt 1: Wandle die Zahl, die nah an einem Zehner liegt, in eine glatte Zehnerzahl um. — 29 + 1 = 30 → 55 + 30

ⓘ Mit glatten Zehnerzahlen kannst du einfacher rechnen.

Schritt 2: Rechne die neue Aufgabe aus. — 55 + 30 = 85

Schritt 3: Du hast jetzt einen Einer mehr dazugerechnet, deshalb musst du diesen Einer am Ende von dem Ergebnis wieder abziehen. — 85 − 1 = 84

+ 30; − 1
55 84 85

5 Welche Aufgabe(n) kannst du mit dem Rechenweg „Nähe zum Zehner" lösen?

a Kreise die Aufgabe(n) ein.

(24 + 69) 34 + 15 (45 + 18) 63 + 56 (38 + 16) 36 + 45 44 + 25

b Rechne die von dir eingekreisten Plusaufgaben aus **Teilaufgabe a** mit dem Rechenweg „Nähe zum Zehner" aus.

24 + 69 = 93	38 + 16 = 54	45 + 18 = 63
24 + 70 = 94	40 + 16 = 56	45 + 20 = 65
94 − 1 = 93	56 − 2 = 54	65 − 2 = 63

Erst die Zehner, dann die Einer dazu

Um Plusaufgaben **mit Zehnerübergang** und zweistelligen Zahlen im Zahlenraum bis 100 zu lösen, kannst du den Rechenweg „Erst die Zehner, dann die Einer dazu" anwenden.

Beispiel: 64 + 17

Schritt 1: Die erste Zahl bleibt wie sie ist. Die zweite Zahl zerlegst du in ihre Zehner und Einer. 17 → 1Z 7E

Schritt 2: Rechne jetzt zur ersten Zahl erst die Zehner und dann die Einer der zweiten Zahl schrittweise dazu.

+ 10; + 7
64 74 81

ⓘ Du kannst mit den Zehnern oder den Einern beginnen.

6 Löse die Plusaufgabe wie im Merkkasten mithilfe des Rechenstrichs. Rechne erst die Zehner und dann die Einer dazu.

35 + 27 = 62

+ 20; + 7
35 55 62

7 Löse die Plusaufgabe. Rechne erst die Einer und dann die Zehner dazu.

a 26 + 38 = 64	b 25 + 69 = 94	c 47 + 45 = 92
26 + 8 = 34	25 + 9 = 34	47 + 5 = 52
34 + 30 = 64	34 + 60 = 94	52 + 40 = 92
d 58 + 16 = 74	e 63 + 29 = 92	f 15 + 37 = 52
58 + 6 = 64	63 + 9 = 72	15 + 7 = 22
64 + 10 = 74	72 + 20 = 92	22 + 30 = 52

8 Löse die Sachaufgabe. Rechne erst die Zehner und dann die Einer dazu.

Du darfst 2-mal einkaufen gehen. Bei jedem Einkauf kaufst du 2 Kuscheltiere.

Frage: Wie viel musst du bei den einzelnen Einkäufen bezahlen? **

Seepferdchen — Tessa Tinte — Rochen — Schildkröte

Einkauf 1:
Kuscheltier 1: Seepferdchen
Kuscheltier 2: Tessa Tinte

36 € + 47 € = 83 €
36 € + 40 € = 76 €
76 € + 7 € = 83 €

Einkauf 2:
Kuscheltier 1: Rochen
Kuscheltier 2: Seepferdchen

53 € + 36 € = 89 €
53 € + 30 € = 83 €
83 € + 6 € = 89 €

Antwort: Bei meinem ersten Einkauf muss ich 83 € und bei meinem zweiten Einkauf 89 € bezahlen.

Ich kann jetzt …	✓
… große Aufgaben mithilfe von kleinen Aufgaben lösen.	○
… Plusaufgaben mit dem Rechenweg „Bis zum Zehner, dann weiter" lösen.	○
… zu einer Plusaufgabe die Tauschaufgabe bilden.	○
… Plusaufgaben mit dem Rechenweg „Nähe zum Zehner" lösen.	○
… Plusaufgaben mit dem Rechenweg „Erst die Zehner, dann die Einer dazu" lösen.	○

** Beispiellösung

1 Welche Aufgabe passt zu dem Bild?

a Verbinde.

8 – 3 6 – 4 7 – 2 6 – 2 7 – 5

Tipp zum Lösen der Aufgabe: Merkkasten 1 „Minusaufgaben im Zahlenraum bis 20"

b Male zu den übrigen Aufgaben aus **Teilaufgabe a** passende Rechengeschichten. *

Aufgabe 1: 6 – 4 Aufgabe 2: 7 – 5

2 Rechne die Minusaufgabe aus.

a 6 – 3 = 3 b 7 – 2 = 5 c 8 – 2 = 6
d 8 – 7 = 1 e 9 – 5 = 4 f 5 – 3 = 2

Tipp zum Lösen der Aufgabe: Merkkasten 1 „Minusaufgaben im Zahlenraum bis 20"

3 Rechne die Minusaufgabe aus.

a 18 – 5 = 13 b 17 – 3 = 14 c 16 – 6 = 10
d 20 – 7 = 13 e 14 – 3 = 11 f 19 – 7 = 12

Tipp zum Lösen der Aufgabe: Merkkasten 1 „Minusaufgaben im Zahlenraum bis 20"

4 Löse die Minusaufgabe. Rechne erst bis zum Zehner und dann weiter.

a 16 – 8 = 8; 16 – 6 = 10; 10 – 2 = 8
b 13 – 6 = 7; 13 – 3 = 10; 10 – 3 = 7
c 15 – 9 = 6; 15 – 5 = 10; 10 – 4 = 6

Tipp zum Lösen der Aufgabe: Merkkasten 2 „Bis zum Zehner, dann weiter"

 * Individuelle Lösung

1 Minusaufgaben im Zahlenraum bis 20

Eine Minusaufgabe beschreibt, dass von einer vorhandenen Menge etwas abgezogen wird.
Beim Minusrechnen verwendest du das Rechenzeichen – (minus).

Hier sind 5 Kinder. „fünf" 5 → 2 Kinder gehen weg. „minus zwei" – 2 → Jetzt sind es 3 Kinder. „ist gleich drei" = 3

1 Schreibe die passende Minusaufgabe zu dem Bild und rechne sie aus.

a 7 – 2 = 5 b 6 – 5 = 1 c 6 – 2 = 4

2 Schreibe die passende Minusaufgabe zu dem Zwanzigerfeld und rechne sie aus.

a 7 – 2 = 5 b 17 – 2 = 15

3 Rechne die Minusaufgaben aus.

a 5 – 3 = 2; 15 – 3 = 12 b 6 – 2 = 4; 16 – 2 = 14 c 7 – 6 = 1; 17 – 6 = 11
d 9 – 5 = 4; 19 – 5 = 14 e 3 – 1 = 2; 13 – 1 = 12 f 4 – 4 = 0; 14 – 4 = 10

2 Bis zum Zehner, dann weiter

Um Minusaufgaben **mit Zehnerübergang** zu lösen, rechnest du erst bis zum Zehner zurück und dann weiter.

Beispiel: 14 – 6

Schritt 1: Gehe von der ersten Zahl bis zum vorherigen Zehner zurück.

Schritt 2: Ziehe den Rest der zweiten Zahl ab.

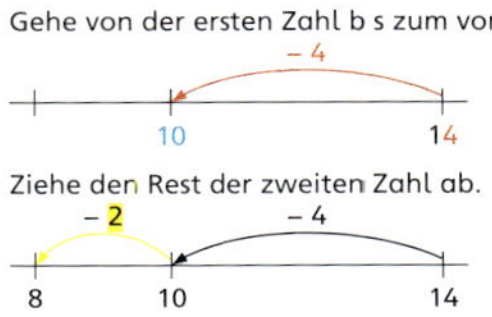

14 – 6 = 8
14 – 4 = 10
10 – 2 = 8

Den Rest der zweiten Zahl erhältst du durch die Zahlzerlegung:

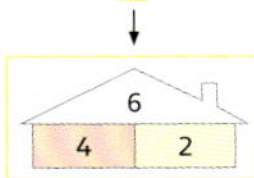

4 Löse die Minusaufgabe wie im Merkkasten mithilfe des Rechenstrichs. Rechne erst bis zum Zehner und dann weiter.

a 13 – 8 = 5

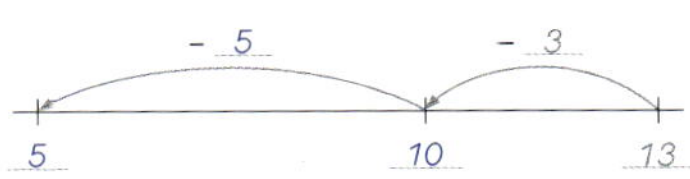

13 – 8 = 5; 13 – 3 = 10; 10 – 5 = 5

b 15 – 7 = 8

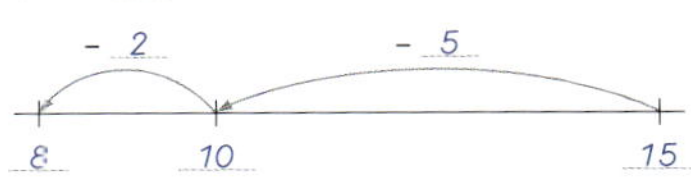

15 – 7 = 8; 15 – 5 = 10; 10 – 2 = 8

c 12 – 5 = 7

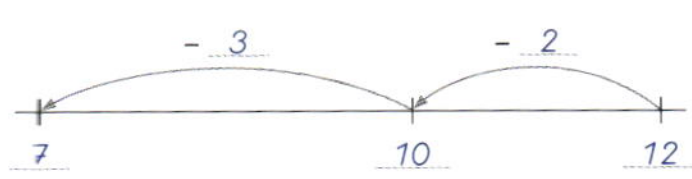

12 – 5 = 7; 12 – 2 = 10; 10 – 3 = 7

5 Löse die Minusaufgabe. Rechne erst bis zum Zehner und dann weiter.

a 14 – 6 = 8; 14 – 4 = 10; 10 – 2 = 8
b 13 – 8 = 5; 13 – 3 = 10; 10 – 5 = 5
c 15 – 7 = 8; 15 – 5 = 10; 10 – 2 = 8

6 Löse die Sachaufgabe. Rechne erst bis zum Zehner und dann weiter.

a In der Wasserkiste stehen 12 Flaschen. 5 Flaschen sind leer.

Frage: Wie viele Flaschen sind noch voll?

Rechnung: 12 – 5 = 7; 12 – 2 = 10; 10 – 3 = 7

Antwort: Es sind noch 7 Flaschen voll.

b Der Sommerurlaub dauert 14 Tage. 6 Tage sind schon vergangen.

Frage: Wie viele Tage Urlaub sind noch übrig?

Rechnung: 14 – 6 = 8; 14 – 4 = 10; 10 – 2 = 8

Antwort: Es sind noch 8 Tage Urlaub übrig.

c Am Montag hatte es 15 °C. Am Dienstag war es 6 °C kühler.

Frage: Wie viele Grad (°C) hatte es am Dienstag?

Rechnung: 15 °C – 6 °C = 9 °C; 15 °C – 5 °C = 10 °C; 10 °C – 1 °C = 9 °C

Antwort: Am Dienstag hatte es 9 °C.

„Bis zum Zehner, dann weiter" im Zahlenraum bis 100

Der Rechenweg „Bis zum Zehner, dann weiter" bleibt im Zahlenraum bis 100 genau gleich. Nur die erste Zahl wird größer.

Zahlenstrahl: 64 – 4 → 60 – 3 → 57

64 – 7 = 57
64 – 4 = 60
60 – 3 = 57

1 Löse die Minusaufgabe. Rechne erst bis zum Zehner und dann weiter.

a 35 – 7 = 28; 35 – 5 = 30; 30 – 2 = 28

b 55 – 8 = 47; 55 – 5 = 50; 50 – 3 = 47

c 64 – 6 = 58; 64 – 4 = 60; 60 – 2 = 58

d 92 – 4 = 88; 92 – 2 = 90; 90 – 2 = 88

e 23 – 5 = 18; 23 – 3 = 20; 20 – 2 = 18

f 47 – 8 = 39; 47 – 7 = 40; 40 – 1 = 39

2 Löse die Sachaufgabe. Rechne erst bis zum Zehner und dann weiter.

Die erste Hälfte eines Fußballspiels dauert 45 min.
In einem Spiel fällt das erste Tor nach 8 min.

Frage: Wie lange dauert die erste Hälfte noch, nachdem das erste Tor gefallen ist?

Rechnung: 45 min – 8 min = 37 min
45 min – 5 min = 40 min
40 min – 3 min = 37 min

Antwort: Die erste Hälfte dauert noch 37 min, nachdem das erste Tor gefallen ist.

Umkehraufgaben

a Bei einer Umkehraufgabe wird die Rechenrichtung umgekehrt:
Wenn du in die eine Richtung minus rechnest …

22 ← – 15 ← 37; 22 → + 15 → 37

37 – 15 = 22
22 + 15 = 37

… kannst du in die andere Richtung plus rechnen.

3 Kehre die Rechenrichtung um. Trage die fehlenden Zahlen ein.

a 64 – 20 = 44 (–20 / +20: 44 ↔ 64)

b 99 – 19 = 80 (–19 / +19: 80 ↔ 99)

c 52 – 22 = 30 (–22 / +22: 30 ↔ 52)

d 71 – 30 = 41 (–30 / +30: 41 ↔ 71)

4 Bilde mit allen 3 Zahlenkarten zwei Minusaufgaben.
Schreibe die passenden Umkehraufgaben dazu.

1. Minusaufgabe: 22 – 5 = 17
Umkehraufgabe: 17 + 5 = 22

2. Minusaufgabe: 22 – 17 = 5
Umkehraufgabe: 5 + 17 = 22

b **Umkehraufgaben und Tauschaufgaben**
Mithilfe der Umkehraufgabe und Tauschaufgabe kannst du eine Minusaufgabe in eine Plusaufgabe umwandeln.

1. Schritt: Minusaufgabe: 50 – 36 = ?
2. Schritt: Umkehraufgabe: ? + 36 = 50
3. Schritt: Tauschaufgabe: 36 + ? = 50 → 36 + 14 = 50

5 Löse die Rechenmauer.
Die Umkehraufgabe kann dir helfen.

a
- 50
- 20 | 30
- 10 | 10 | 20

b
- 100
- 5 | 95
- 0 | 5 | 90

c Wie hat dir die Umkehraufgabe dabei geholfen, die Zahl im gelben Stein in **Teilaufgabe a** auszurechnen? Begründe. **

Ich bilde von der Plusaufgabe ___ + 30 = 50 die Umkehraufgabe: 50 – 30 = ___. Jetzt kann ich die Aufgabe ganz einfach ausrechnen. 50 – 30 = 20. In den gelben Stein kommt also die Zahl 20.

d Erfinde eine eigene Rechenmauer. *

* Individuelle Lösung
** Beispiellösung

Nähe zum Zehner

Um Minusaufgaben **mit Zehnerübergang** im Zahlenraum bis 100 zu lösen, kannst du den Rechenweg „Nähe zum Zehner" anwenden.

Beispiel: 55 – 39 → Die 39 liegt nah an der 40.

Schritt 1: Wandle die Zahl, die nah am Zehner liegt, in eine glatte Zehnerzahl um. 39 + 1 = 40 → 55 – 40
Mit glatten Zehnerzahlen kannst du einfacher rechnen.

Schritt 2: Rechne die neue Aufgabe aus. 55 – 40 = 15

Schritt 3: Du hast jetzt einen Einer zu viel abgezogen, deshalb musst du diesen Einer am Ende zu dem Ergebnis wieder dazurechnen. 15 + 1 = 16

Zahlenstrahl: 55 – 40 → 15 + 1 → 16

6 Löse die Minusaufgabe mit dem Rechenweg „Nähe zum Zehner".

a 73 – 49 = 24; 73 – 50 = 23; 23 + 1 = 24

b 67 – 38 = 29; 67 – 40 = 27; 27 + 2 = 29

c 96 – 69 = 27; 96 – 70 = 26; 26 + 1 = 27

d Worauf musstest du bei **Teilaufgabe b** besonders achten? Beschreibe. **

Bei der Aufgabe 67 – 38 ist die 38 nah am Zehner 40. Ich rechne zuerst 38 + 2 = 40. Jetzt kann ich 40 von 67 abziehen und erhalte 27. Besonders aufpassen muss ich, weil ich zu 38 diesmal 2 Einer dazugerechnet habe. Ich habe also 2 Einer zu viel abgezogen, die ich am Ende wieder dazurechnen muss: 27 + 2 = 29.

** Beispiellösung

Subtraktion · Grundrechenarten – Subtraktion — Vertiefung

Erst die Zehner, dann die Einer weg

Um Minusaufgaben **mit Zehnerübergang** und zweistelligen Zahlen im Zahlenraum bis 100 zu lösen, kannst du den Rechenweg „Erst die Zehner, dann die Einer weg" anwenden.

Beispiel: 64 – 17

Schritt 1: Die erste Zahl bleibt wie sie ist.
Die zweite Zahl zerlegst du in ihre Zehner und Einer.
17 → 1Z 7E

Schritt 2: Ziehe jetzt von der ersten Zahl erst die Zehner und dann die Einer der zweiten Zahl schrittweise ab.

ⓘ Du kannst mit den Zehnern oder den Einern beginnen.

7 Löse die Minusaufgabe wie im Merkkasten mithilfe des Rechenstrichs.
Ziehe erst die Zehner und dann die Einer ab.

65 – 47 = 18

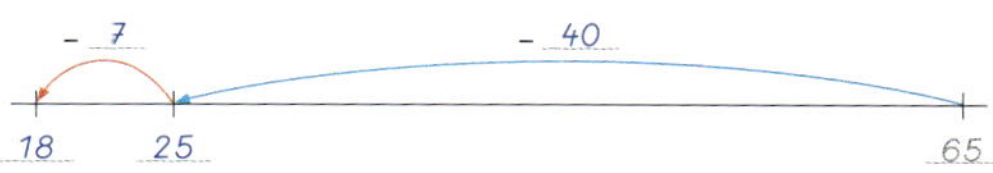

8 Löse die Minusaufgabe. Ziehe erst die Zehner und dann die Einer ab.

a 33 – 15 = 18
33 – 10 = 23
23 – 5 = 18

b 65 – 37 = 28
65 – 30 = 35
35 – 7 = 28

c 43 – 26 = 17
43 – 20 = 23
23 – 6 = 17

d 78 – 16 = 62
78 – 10 = 68
68 – 6 = 62

e 43 – 29 = 14
43 – 20 = 23
23 – 9 = 14

f 37 – 15 = 22
37 – 10 = 27
27 – 5 = 22

44

Subtraktion · Grundrechenarten – Subtraktion — Vertiefung

9 Löse die Sachaufgabe. Ziehe erst die Einer und dann die Zehner ab.

a Dieses Übungsheft hat 96 Seiten. Du hast bis hier schon 44 Seiten bearbeitet.

Frage: Wie viele Seiten kannst du noch bearbeiten?

Rechnung:
96 – 44 = 52
96 – 4 = 92
92 – 40 = 52

Antwort: Ich kann noch 52 Seiten bearbeiten.

b Die höchste Temperatur, die weltweit gemessen wurde, liegt bei 57 °C. Die höchste Temperatur, die in Deutschland gemessen wurde, beträgt 16 °C weniger.

Frage: Wie heiß war es am wärmsten Tag in Deutschland?

Rechnung:
57 °C – 16 °C = 41 °C
57 °C – 6 °C = 51 °C
51 °C – 10 °C = 41 °C

Antwort: Am wärmsten Tag in Deutschland war es 41 °C heiß.

Ich kann jetzt …	✓
… Minusaufgaben mit dem Rechenweg „Bis zum Zehner, dann weiter" lösen.	○
… zu einer Minusaufgabe die Umkehraufgabe bilden.	○
… Minusaufgaben mit dem Rechenweg „Nähe zum Zehner" lösen.	○
… Minusaufgaben mit dem Rechenweg „Erst die Zehner, dann die Einer weg" lösen.	○

45

Einführung Multiplikation · Grundrechenarten – Multiplikation — Test

1 Welche Aufgabe passt zu dem Bild? Verbinde.

a 

b 

4 + 4 + 4 2 + 5 5 + 5 4 + 3 3 + 3 + 3 + 3

Tipp: zum Lösen der Aufgabe: Merkkasten 1 „Wiederholtes Plusrechnen"

2 Löse die Plusaufgabe.

a 3 + 3 + 3 = 9
b 2 + 2 + 2 + 2 + 2 = 10
c 4 + 4 + 4 + 4 = 16
d 6 + 6 + 6 = 18

Tipp: zum Lösen der Aufgabe: Merkkasten 1 „Wiederholtes Plusrechnen"

3 Wie heißt die Plusaufgabe zu dem Bild?
Schreibe auf und rechne.

a 

2 + 2 + 2 = 6

b** 

5 + 5 + 5 + 5 = 20

Tipp: zum Lösen der Aufgabe: Merkkasten 1 „Wiederholtes Plusrechnen"

4 Zeichne die Plusaufgabe in das Punktefeld.
Rechne die Aufgabe aus.

3 + 3 + 3 + 3 + 3 = 15

Tipp: zum Lösen der Aufgabe: Merkkasten 1 „Wiederholtes Plusrechnen"

46 **Beispiellösung

Einführung Multiplikation · Grundrechenarten – Multiplikation — Hinweis

1 Wiederholtes Plusrechnen

Beim Plusrechnen darfst du auch die gleiche Zahl mehrfach zusammenrechnen:

2 Flaschen + 2 Flaschen + 2 Flaschen + 2 Flaschen = 8 Flaschen
2 + 2 + 2 + 2 = 8

Das Punktefeld kann dir helfen, eine Aufgabe darzustellen:

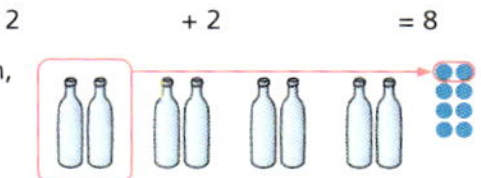

1 Wie heißt die Plusaufgabe zu dem Bild? Schreibe auf und rechne. **

a 

4 + 4 + 4 = 12

b 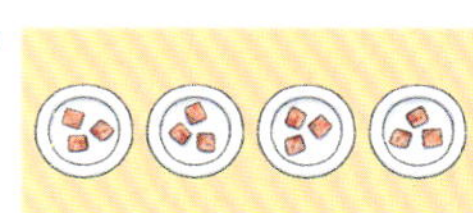

3 + 3 + 3 + 3 = 12

2 Ergänze die fehlende Angabe.

a Schreibe die Plusaufgabe auf.

5 + 5 + 5 = 15

b Zeichne die Plusaufgabe ein.

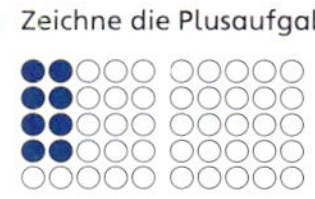

2 + 2 + 2 + 2 = 8

3 Rechne die Plusaufgabe aus.

a 7 + 7 + 7 = 21
b 2 + 2 + 2 + 2 + 2 = 10
c 1 + 1 + 1 + 1 + 1 + 1 + 1 + 1 = 8
d 3 + 3 + 3 + 3 = 12

**Beispiellösung 47

Malrechnen

Die langen Plusketten kannst du auch kürzer aufschreiben:

4 Kinder mit je 2 Flaschen → 4 mal 2

Plusaufgabe: 2 + 2 + 2 + 2 = 8

Malaufgabe: 4 · 2 = 8

(!) Diese Rechenart heißt „Malrechnen".

1 Fülle die Lücken im Text. Schreibe die passende Plusaufgabe und Malaufgabe zu dem Bild auf.

a

Es sind 3 Käfer mit je 6 Beinen.

Plusaufgabe: 6 + 6 + 6 = 18

Malaufgabe: 3 · 6 = 18

b

Es sind 4 Teller mit je 3 Keksen.

Plusaufgabe: 3 + 3 + 3 + 3 = 12

Malaufgabe: 4 · 3 = 12

2 Schaue dir das Bild genau an. Welche Aufgabe(n) passen dazu?

8 + 8 + 8 (eingekreist) 3 · 8 (eingekreist) 8 · 3

8 + 3 8 − 3 3 + 8

8 + 8 + 8 + 8 3 + 3 + 3

Malaufgaben mit 10 und 5

Malaufgaben mit 10

Malaufgaben mit 10 sind sehr leicht zu rechnen.

3 · 1 = 3 → 3 · 10 = 30 (!) Achte besonders auf die 0.

4 · 1 = 4 → 4 · 10 = 40

5 · 1 = 5 → 5 · 10 = 50

Malaufgaben mit 5

Malaufgaben mit 10 können dir helfen, Malaufgaben mit 5 zu lösen.

3 · 10 = 30 3 · 5 = 15 3 · 5 = 15

Die Hälfte von 10 ist 5. → Die Hälfte von 30 ist 15.

Das Ergebnis einer Malaufgabe mit 5 ist immer die Hälfte von dem Ergebnis der Malaufgabe mit 10.

3 Rechne die Malaufgaben mit 10 und 5 aus.

a	1 · 10 = 10	1 · 5 = 5	b	2 · 10 = 20	2 · 5 = 10
c	3 · 10 = 30	3 · 5 = 15	d	4 · 10 = 40	4 · 5 = 20
e	5 · 10 = 50	5 · 5 = 25	f	6 · 10 = 60	6 · 5 = 30
g	7 · 10 = 70	7 · 5 = 35	h	8 · 10 = 80	8 · 5 = 40
i	9 · 10 = 90	9 · 5 = 45	j	10 · 10 = 100	10 · 5 = 50

Ich kann jetzt …	✓
… wiederholte Plusrechnungen lösen.	○
… Malaufgaben zu Handlungen und Bildern notieren.	○
… Malaufgaben mit 10 und 5 lösen.	○

Malaufgaben mit 2

1 · 2 = 2 2 · 2 = 4 3 · 2 = 6

(!) Malaufgaben mit 2 sind auch gleichzeitig Verdopplungsaufgaben.

„2-mal ein Schuh" 1 + 1 = 2

„2-mal zwei Schuhe" 2 + 2 = 4

„2-mal drei Schuhe" 3 + 3 = 6

1 Schreibe die passende Malaufgabe zu dem Punktefeld auf.

a 5 · 2 = 10 b 3 · 2 = 6 c 4 · 2 = 8 d 1 · 2 = 2

2 Wie heißt die passende Malaufgabe zu dem Bild? Schreibe auf und rechne.

a 

4 · 2 = 8

b 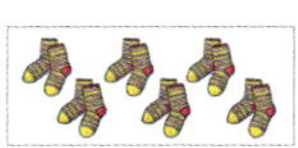

6 · 2 = 12

c 

2 · 8 = 16

3 Rechne die Malaufgaben mit 2 aus.

a	1 · 2 = 2	b	6 · 2 = 12	c	2 · 8 = 16	d	2 · 2 = 4
	5 · 2 = 10		9 · 2 = 18		4 · 2 = 8		7 · 2 = 14
	3 · 2 = 6		8 · 2 = 16		2 · 10 = 20		2 · 5 = 10

Malaufgaben mit 4 und 8

Die Malaufgaben 4 und 8 hängen zusammen:

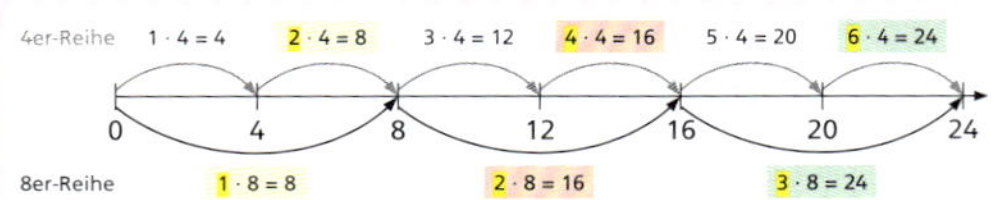

(!) 8 ist das Doppelte von 4.

Du kannst dir also merken: Das Ergebnis einer Malaufgabe mit 8 ist das Doppelte der gleichen Malaufgabe mit 4.

3 · 4 = 12 3 · 8 = 24 (· 2) → 24 ist das Doppelte von 12.

4 Rechne die Malaufgaben aus. Ergänze dann die Lücken.

a	5 · 4 = 20	5 · 8 = 40	→	40 ist das Doppelte von 20.
b	1 · 4 = 4	1 · 8 = 8	→	8 ist das Doppelte von 4.
c	10 · 4 = 40	10 · 8 = 80	→	80 ist das Doppelte von 40.
d	7 · 4 = 28	7 · 8 = 56	→	56 ist das Doppelte von 28.
e	3 · 4 = 12	3 · 8 = 24	→	24 ist das Doppelte von 12.
f	9 · 4 = 36	9 · 8 = 72	→	72 ist das Doppelte von 36.

5 Ergänze die Lücken in den Malaufgaben.

a	1 · 8 = 8	2 · 4 = 8
b	5 · 8 = 40	10 · 4 = 40
c	4 · 8 = 32	8 · 4 = 32
d	2 · 8 = 16	4 · 4 = 16
e	3 · 8 = 24	6 · 4 = 24

Malaufgaben mit 3, 6 und 9

Auch die Reihen 3, 6 und 9 haben etwas miteinander zu tun:

	· 1	· 2	· 3	· 4	· 5	· 6	· 7	· 8	· 9	· 10
3er-Reihe	3	6	9	12	15	18	21	24	27	30
6er-Reihe	6	12	18	24	30	36	42	48	54	60
9er-Reihe	9	18	27	36	45	54	63	72	81	90

(!) 6 ist das Doppelte von 3.

6 · 3 = 18 3 · 6 = 18 2 · 9 = 18

9 ist das Dreifache von 3.

So kannst du Aufgaben einfacher ausrechnen:
2 · 9 = 18
2 · 6 = 12
2 · 3 = 6

6 Setze die Malaufgabe mit 9 aus den Aufgaben mit 6 und 3 zusammen.

a 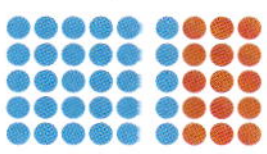

5 · 9 = 45
5 · 6 = 30
5 · 3 = 15

→ weil 30 + 15 = 45

b 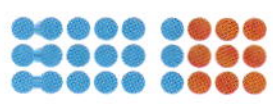

3 · 9 = 27
3 · 6 = 18
3 · 3 = 9

→ weil 18 + 9 = 27

7 Rechne die Malaufgaben aus.

a	b	c	d
3 · 6 = 18	6 · 9 = 54	2 · 6 = 12	6 · 3 = 18
6 · 4 = 24	3 · 2 = 6	9 · 3 = 27	7 · 9 = 63
3 · 4 = 12	9 · 2 = 18	2 · 3 = 6	6 · 9 = 54
9 · 5 = 45	9 · 9 = 81	6 · 7 = 42	9 · 1 = 9
3 · 9 = 27	3 · 5 = 15	8 · 3 = 24	3 · 7 = 21
1 · 6 = 6	3 · 3 = 9	4 · 9 = 36	6 · 6 = 36

Malaufgaben mit 7

Um die Malaufgaben mit 7 zu lösen, helfen dir die 5er- und die 2er-Reihe.

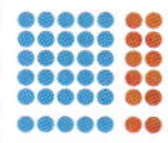

6 · 7 = 42
6 · 5 = 30
6 · 2 = 12

(!) Zerlege die 7 in 5 und 2. Rechne das Ergebnis der beiden Malaufgaben zusammen.

8 Rechne die Malaufgabe aus, indem du sie wie im Merkkasten zerlegst.

a	b	c
9 · 7 = 63	5 · 7 = 35	8 · 7 = 56
9 · 5 = 45	5 · 5 = 25	8 · 5 = 40
9 · 2 = 18	5 · 2 = 10	8 · 2 = 16

Malaufgaben mit 0 und 1

Malaufgaben mit 0 und 1 sind ganz einfach!

- **Malaufgaben mit 0** ergeben immer 0. 0 · 3 = 0, 3 · 0 = 0
- **Malaufgaben mit 1** ergeben immer die Zahl, mit der du 1 malgenommen hast. 1 · 3 = 3, 3 · 1 = 3

9 Rechne die Malaufgaben aus.

a	b	c	d
2 · 1 = 2	6 · 1 = 6	1 · 2 = 2	0 · 7 = 0
1 · 4 = 4	6 · 0 = 0	8 · 0 = 0	1 · 9 = 9
7 · 0 = 0	0 · 1 = 0	1 · 8 = 8	0 · 9 = 0

Ich kann jetzt … ✓

- … Malaufgaben mit 2, 4 und 8 lösen. ○
- … Malaufgaben mit 3, 6 und 9 lösen. ○
- … Malaufgaben mit 7 lösen. ○
- … Malaufgaben mit 1 und 0 lösen. ○

Aufteilen

18 Eier werden in Kartons aufgeteilt. In jeden Karton passen 6 Eier.

18 : 6 = 3 → Es werden 3 Kartons benötigt.

Beim Aufteilen geht es darum herauszufinden, wie viele Teilmengen am Ende herauskommen. Du startest immer mit der Gesamtmenge und teilst diese dann durch die Anzahl, wie viel in einer Teilmenge enthalten ist.

18 Eier (Gesamtanzahl) : 6 Eier in einem Karton (Größe Teilmenge) = 3 Kartons (Anzahl Teilmengen)

(!) **Aufteilen:** Wie viele Teilmengen sind es?

1 Löse die Geteiltaufgabe. Kreise die Teilmengen ein.

a 
10 : 5 = 2

b 
12 : 3 = 4

c 
8 : 2 = 4

2 Schaue dir das Bild genau an. Fülle die Lücken im Text. Schreibe die passende Geteiltaufgabe auf.

a 

12 Blumen werden in Sträuße aufgeteilt.
Immer 4 Blumen sind in einem Strauß.
Es entstehen 3 Sträuße.
Geteiltaufgabe: 12 : 4 = 3

b 

Es gibt 20 Bonbons.
Immer 5 Bonbons werden in eine Tüte gepackt.
Es können 4 Tüten gefüllt werden.
Geteiltaufgabe: 20 : 5 = 4

Verteilen

6 Stücke Wassermelone werden an 3 Kinder verteilt.

6 : 3 = 2 → Jedes Kind bekommt 2 Stücke.

Beim Verteilen geht es darum herauszufinden, wie groß die einzelnen Teilmengen sind. Du startest immer mit der Gesamtmenge und teilst diese dann durch die Anzahl der Teilmengen.

6 Stücke Wassermelone (Gesamtanzahl) : 3 Kinder (Anzahl Teilmengen) = 2 Stücke für jedes Kind (Größe Teilmenge)

(!) **Verteilen:** Wie groß sind die Teilmengen?

3 Schreibe die richtige Geteiltaufgabe zu dem Bild auf.

a 
6 : 2 = 3

b 
8 : 4 = 2

c 
9 : 3 = 3

4 Welche Aufgabe passt zu dem Bild?

a Kreuze an.

10 : 5 = 2 ☒
10 : 2 = 5 ○

b Begründe deine Wahl. **

Die Knochen werden nacheinander an die 5 Hunde verteilt.
Jeder Hund bekommt 2 Knochen.

** Beispiellösung

Teilen mit Rest

Manchmal kannst du eine Menge nicht genau aufteilen oder verteilen. Dann bleibt eine kleine Teilmenge übrig.

15 : 6 15 : 6 = 2 R3

Die übrige Teilmenge wird Rest genannt.
Du notierst den Rest immer hinter dem Ergebnis (R).

5 Verteile die Kekse gerecht auf 3 Teller.
Fülle die Lücken im Text. Schreibe die passende Geteiltaufgabe auf.

Ich verteile 14 Kekse gerecht auf 3 Teller.
Auf jedem Teller liegen dann 4 Kekse.
2 Kekse bleiben übrig.
Geteiltaufgabe: 14 : 3 = 4 R 2

6 Teile die Kekse auf. Packe immer 4 Kekse in eine Tüte.
Fülle die Lücken im Text. Schreibe die passende Geteiltaufgabe auf.

Ich teile 14 Kekse in Tüten auf.
Immer 4 Kekse sollen in eine Tüte.
Ich kann 3 Tüten packen.
2 Kekse bleiben übrig.
Geteiltaufgabe: 14 : 4 = 3 R 2

Ich kann jetzt …	✓
… Geteiltaufgaben durch Aufteilen lösen.	○
… Geteiltaufgaben durch Verteilen lösen.	○
… Geteiltaufgaben mit Rest lösen.	○

Geteiltaufgaben mit 1 und 2

Geteiltaufgaben mit 1

Geteiltaufgaben mit 1 sind ganz einfach! Sie ergeben immer die Zahl, die du durch 1 geteilt hast. 2 : 1 = 2 3 : 1 = 3

Geteiltaufgaben mit 2

Beim Teilen durch 2 helfen dir die Halbierungsaufgaben. Dabei teilst du eine Menge in 2 gleich große Teilmengen auf – du halbierst sie also.

14 € für 2 Kinder → Jedes Kind bekommt 7 €.

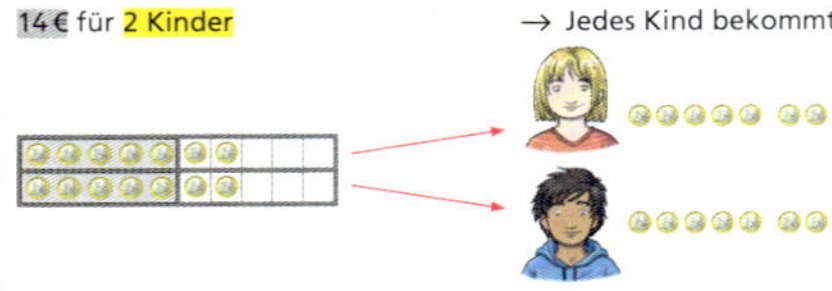

14 € : 2 = 7 €

ⓘ 7 ist die Hälfte von 14.

1 Löse die Geteiltaufgaben. Beantworte danach die Frage.

a		b	
20 : 1 =	20	20 : 2 =	10
10 : 1 =	10	10 : 2 =	5
6 : 1 =	6	6 : 2 =	3
50 : 1 =	50	50 : 2 =	25
100 : 1 =	100	100 : 2 =	50

c Schaue dir die Ergebnisse an. Was fällt dir auf? Beschreibe. **
Die Ergebnisse der Geteiltaufgaben mit 2 sind die Hälfte der Geteiltaufgaben mit 1.

2 Löse die Geteiltaufgabe. Fülle die Lücke im Text.

a 12 : 2 = 6
6 ist die Hälfte von 12.

b 20 : 2 = 10
10 ist die Hälfte von 20.

c 16 : 2 = 8
8 ist die Hälfte von 16.

d 18 : 2 = 9
9 ist die Hälfte von 18.

** Beispiellösung

Geteiltaufgaben mit 10

Bei einer Geteiltaufgabe mit 10 kann dir die kleine Aufgabe helfen.

Beispiel: 70 : 10

Große Aufgabe 70 : 10 = 7
Kleine Aufgabe 7 : 1 = 7

7~~0~~ : 1~~0~~ = 7

Du kannst die Null der beiden Zahlen wegstreichen und einfach die kleine Aufgabe ausrechnen.

ⓘ Jede Zahl, die mit einer Null endet, ist durch 10 teilbar.

3 Rechne die Geteiltaufgabe mithilfe der kleinen Aufgabe aus. Überprüfe dein Ergebnis.

a 80 : 10 = 8 → 8 : 1 = 8
b 50 : 10 = 5 → 5 : 1 = 5
c 30 : 10 = 3 → 3 : 1 = 3
d 90 : 10 = 9 → 9 : 1 = 9
e 100 : 10 = 10 → 10 : 1 = 10

4 Rechne die Geteiltaufgabe aus. Notiere den Rest.

a 53 : 10 = 5 R 3	b 26 : 10 = 2 R 6	c 47 : 10 = 4 R 7
d 42 : 10 = 4 R 2	e 75 : 10 = 7 R 5	f 94 : 10 = 9 R 4
g 63 : 10 = 6 R 3	h 31 : 10 = 3 R 1	i 88 : 10 = 8 R 8

Umkehraufgaben

Um eine Geteiltaufgabe zu lösen, kannst du auch die Umkehraufgabe bilden.

Beispiel: 21 : 7

„Wie oft passt die 7 in die 21?“ — „Wie viel mal 7 ist gleich 21?“

Geteiltaufgabe 21 : 7 = ___ → umkehren → Malaufgabe ___ · 7 = 21

Löse die Malaufgabe, um das Ergebnis der Geteiltaufgabe zu erhalten:
3 · 7 = 21 → 21 : 7 = 3

5 Rechne die Geteiltaufgabe mithilfe der Umkehraufgabe aus. Überprüfe dein Ergebnis.

a 15 : 5 = 3 → 3 · 5 = 15
b 14 : 2 = 7 → 7 · 2 = 14
c 32 : 4 = 8 → 8 · 4 = 32
d 48 : 6 = 8 → 8 · 6 = 48
e 27 : 3 = 9 → 9 · 3 = 27

6 Bilde aus den Zahlenkarten eine Geteiltaufgabe und die passende Umkehraufgabe. **

a 7 28 4
Geteiltaufgabe: 28 : 7 = 4
Umkehraufgabe: 4 · 7 = 28

b 5 35 7
Geteiltaufgabe: 35 : 7 = 5
Umkehraufgabe: 5 · 7 = 35

Ich kann jetzt …	✓
… Geteiltaufgaben mit 1 und 2 lösen.	○
… Geteiltaufgaben mit 10 lösen.	○
… Geteiltaufgaben mithilfe der Umkehraufgabe lösen.	○

** Beispiellösung

Messen …

a … mit Messinstrumenten

Es gibt verschiedene Messinstrumente, um die Länge von etwas zu messen. Je nachdem wie klein oder groß eine Person/ein Gegenstand ist, verwendest du ein anderes Messinstrument:

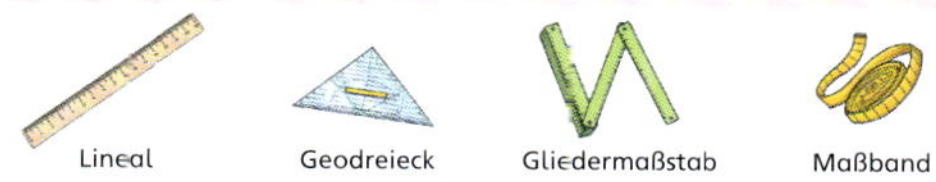

Lineal — Geodreieck — Gliedermaßstab — Maßband

1 Womit misst du? Verbinde. Male dann richtige Messgeräte an. **

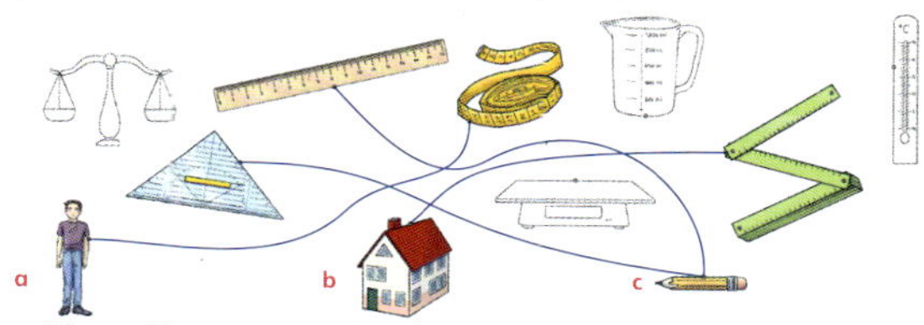

a Körpergröße — b Wände — c Stift

b … ohne Messinstrumente

Wenn du kein Messinstrument zur Verfügung hast, kannst du eine Länge abschätzen, indem du zwei Längen miteinander vergleichst.

Hierfür gibt es zwei Möglichkeiten:
- **Möglichkeit 1:** Abmessen mit deinen Körpermaßen
- **Möglichkeit 2:** Abmessen mit einem beliebigen, tragbaren Gegenstand

(!) Achte immer darauf, dass es keine Lücken zwischen zwei Messschritten gibt.

Fingerbreite — Fingerspanne — Elle — Armspanne — Fußlänge — Schrittlänge

 ** Beispiellösung

2 Hannah hat die Länge ihres Tessa-Tinte-Heftes mithilfe ihrer Fingerbreite bestimmt. Welches Körpermaß eignet sich besser, um die Länge des Heftes zu bestimmen? Begründe. **

Als Körpermaß eignet sich die Elle besser, da sie ungefähr so lang ist wie das Heft. Dadurch habe ich keine Lücke zwischen den Messschritten.

Meter, Zentimeter und Millimeter

Größere Gegenstände/Strecken messen wir in Meter (m). Ein passendes Messgerät wäre hierfür zum Beispiel der Gliedermaßstab.

(!) 1 m = 100 cm — 1 m = die Breite einer Wohnungstür

Kleinere Sachen messen wir in Zentimeter (cm) und Millimeter (mm). Ein passendes Messgerät wäre hierfür zum Beispiel ein Lineal.

(!) 1 cm = 10 mm — 1 cm = die Dicke deines Daumens; 1 mm = die Dicke eines Fadens

3 Setze das richtige Längenmaß ein. Tessa Tinte hilft dir dabei.

a Ein Floh ist nur wenige *mm* groß.

b Ich bin 1 *m* und 32 *cm* groß.

c Eine Giraffe kann 6 *m* groß werden.

d Das Tessa-Tinte-Heft ist ungefähr 30 *cm* lang und 21 *cm* breit.

4 Markiere auf dem Gliedermaßstab 1 m.

1 m ↓

** Beispiellösung

Längenangaben aufschreiben

Du kannst die Längenangaben unterschiedlich aufschreiben:

- **Gemischte Schreibweise:** Ein Auto ist 4 m und 36 cm lang. Länge: 4 m 36 cm
- **Umrechnung:** Ein Auto ist 4 m und 36 cm lang. Länge: 436 cm

Gemischte Schreibweise	Umrechnung
4 m 36 cm	436 cm

4 m und 36 cm = 436 cm

5 Ergänze die Tabelle.

	Gemischte Schreibweise	Umrechnung
a	*3 cm und 7 mm*	37 mm
b	9 cm und 8 mm	*98 mm*
c	*6 m 12 cm*	612 cm
d	*10 cm und 0 mm*	100 mm
e	1 m 2 cm	*102 cm*
f	*2 m 82 cm*	282 cm

g Worauf musst du bei **Teilaufgabe e** in der Tabelle besonders achten? Beschreibe. **

1 m 2 cm → 1 m ist gleich 100 cm. Außerdem habe ich noch 2 cm. 100 cm + 2 cm ist gleich 102 cm. Ich muss also besonders auf die 0 bei 102 cm achten.

Ich kann jetzt …	✓
… Messinstrumente benennen.	○
… Längen mit und ohne Messinstrumente messen.	○
… die Längenmaße Meter, Zentimeter und Millimeter richtig verwenden.	○
… Längenmaße unterschiedlich aufschreiben.	○

 ** Beispiellösung

1 Verbinde.

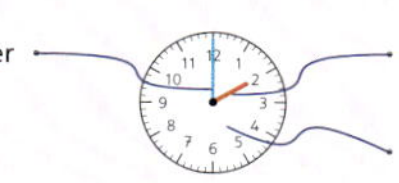

Tipp zum Lösen der Aufgabe: Merkkasten 1 „Die Uhr"

2 Wie heißt die frühe und die späte Uhrzeit? Notiere beide Zeiten.

Tipp zum Lösen der Aufgabe: Merkkasten 1 „Die Uhr"

a

Frühe Uhrzeit: *2 Uhr*
Späte Uhrzeit: *14 Uhr*

b

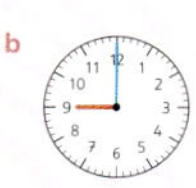

Frühe Uhrzeit: *9 Uhr*
Späte Uhrzeit: *21 Uhr*

3 Was machst du zu der angegebenen Uhrzeit? Male ein Bild. **

Tipp zum Lösen der Aufgabe: Merkkasten 1 „Die Uhr"

a 10:00 Uhr

b 01:00 Uhr

c 15:00 Uhr

d 18:00 Uhr

** Beispiellösung

Zeit · Größen Hinweis

1 Die Uhr

Es gibt immer zwei Uhrzeiten:
- eine frühe Zeit: 1 Uhr bis 12 Uhr
- eine späte Zeit: 13 Uhr bis 24/0 Uhr

(!) 1 Tag hat 24 Stunden.

1 Zeichne die fehlenden Teile der Uhr ein, sodass die Aussage stimmt. **

2 Welche Uhr kann dir nicht die genaue Uhrzeit anzeigen? Kreuze an und begründe. **

Die Sanduhr kann mir nicht die genaue Uhrzeit anzeigen. Auf der Sanduhr gibt es keine Ziffern.

3 Wie heißt die frühe und die späte Uhrzeit? Notiere beide Zeiten.

a 

Frühe Uhrzeit: *4 Uhr*

Späte Uhrzeit: *16 Uhr*

b 

Frühe Uhrzeit: *11 Uhr*

Späte Uhrzeit: *23 Uhr*

64 **Beispiellösung

Zeit · Größen Vertiefung

Verschiedene Sprechweisen

Du kannst Uhrzeiten unterschiedlich ausdrücken. Folgende Sprechweisen musst du dir merken:

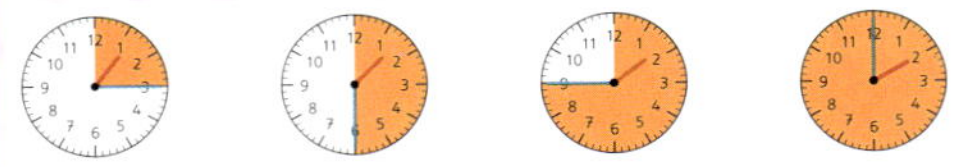

Viertelstunde	**halbe Stunde**	**Dreiviertelstunde**	**volle Stunde**
viertel zwei Viertel nach eins	halb zwei 30 Minuten nach eins	dreiviertel zwei Viertel vor zwei	zwei Uhr 14:00 Uhr

1 Welche Uhrzeiten gehören zusammen? Male an.

30 Minuten nach acht | Viertel vor 4 | 23:59 Uhr | dreiviertel vier | Viertel nach 4 | 15:45 Uhr | kurz vor 0 Uhr | halb neun | Gleich ist Mitternacht. | 16:15 Uhr

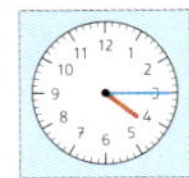

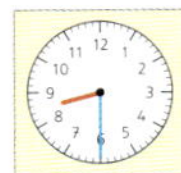

Der Kalender

Ein Kalender zeigt dir immer die Jahresübersicht. Du kannst mithilfe dieser Übersicht viel herausfinden:

Ein Jahr hat …
… 12 Monate.
… 52 Wochen und 1 oder 2 Tage.
… 365 Tage.

(!) Ein Schaltjahr hat 366 Tage.

Ein Monat hat …
… 4 Wochen.
… 30 oder 31 Tage.

(!) Der Februar hat 28 oder 29 Tage.

Eine Woche hat …
… 7 Tage.

65

Zeit · Größen Vertiefung

2 Schaue dir das Kalenderblatt genau an und beantworte die Fragen.

Montag	Dienstag	Mittwoch	Donnerstag	Freitag	Samstag	Sonntag
					1	2
3	4	5	6 Eis	7	8	9
10	11 Wasserballturnier	12	13	14	15	16
17	18	19	20	21 Lesen	22 Kino	23
24 Tessas Geburtstag	25	26	27 X	28	29	30
31						

a Welchen Monat zeigt das Kalenderblatt? *Juli*

b Wie viele Tage hat der Monat? *31 Tage*

c Was findet vom 10.07.–12.07. statt? *Ein Wasserballturnier*

Wie viele Tage dauert die Veranstaltung? *3 Tage*

d Was ist am 24.07.? *Tessas Geburtstag*

e Kreuze den 27.07 rot an. Welches Ereignis war vor 5 Tagen? *Kino*

f Gibt es einen Eintrag am letzten Tag des Monats? *Nein*

Ich kann jetzt … ✓
- … Teile der Uhr benennen.
- … die frühe und die späte Uhrzeit unterscheiden.
- … unterschiedliche Schreib- und Sprechweisen von Uhrzeiten anwenden.
- … einen Kalender lesen.

66

Geld · Größen Test

1 Erkennst du den Schein/die Münze? Trage den fehlenden Wert ein.

Tipp zum Lösen der Aufgabe: Merkkasten 1 „Münzen und Scheine"

a *10 €* b *50 €* c *5 €* d *20 €*

e *20 ct* f *1 €* ** g *5 ct* h *2 €* i *50 ct* j *10 ct*

2 Wie kannst du den Geldbetrag mit den vorgegebenen Münzen und Scheinen darstellen? Zeichne die jeweiligen Beträge ein, sodass es genau aufgeht.

Tipp zum Lösen der Aufgabe: Merkkasten 1 „Münzen und Scheine"

a 7 € 25 ct: *5 € 2 € 20 ct 5 ct*

b 10 € 72 ct: *10 € 50 ct 20 ct 2 ct*

c 9 € 31 ct: *5 € 2 € 2 € 20 ct 10 ct 1 ct*

3 Verbinde den Gegenstand mit einem passenden Wert.

Tipp zum Lösen der Aufgabe: Merkkasten 2 „Einkaufen"

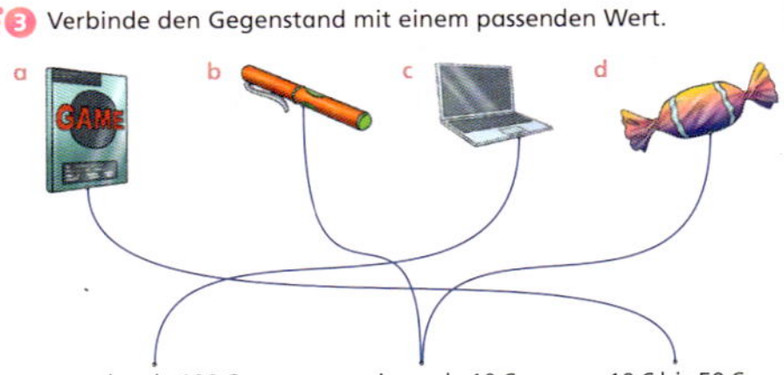

mehr als 100 € | weniger als 10 € | 10 € bis 50 €

**Beispiellösung 67

1 Münzen und Scheine

Es gibt insgesamt acht Münzen und sechs Scheine.

Münzen: Hier siehst du die Münzen ihrem Wert nach geordnet.

Scheine: Die Scheine haben ebenfalls unterschiedliche Werte.
Je größer die Zahl auf dem Schein, umso höher ist sein Wert.

1 Verbinde die Münzen mit der richtigen Schatztruhe.

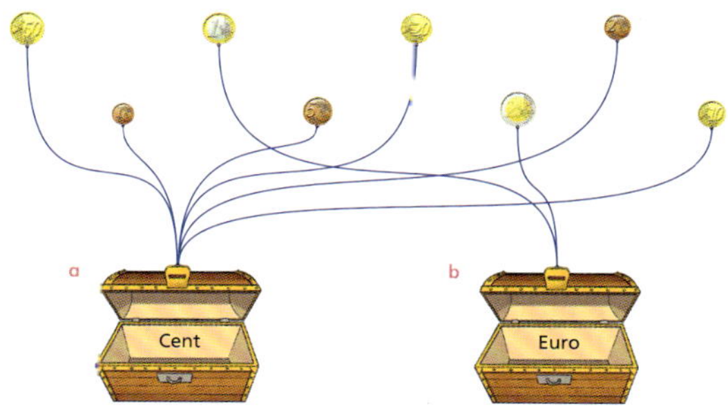

2 Wie kannst du den Geldbetrag mit den vorgegebenen Münzen und Scheinen darstellen? Zeichne die jeweiligen Beträge ein, sodass es genau aufgeht.

a 14 € — 10 € | 2 € | 2 €

b 22 € — 20 € | 50 ct | 50 ct | 1 €

2 Einkaufen

Wenn du einkaufen gehst, brauchst du Geld, um dir etwas kaufen zu können.
Du kannst Gegenstände nach ihrem Preis sortieren:

weniger als 10 € | 10 € bis 50 € | 50 € bis 100 € | mehr als 100 €

3 Was kostet es ungefähr? Suche den Gegenstand im Bild und kreuze an.

	Gegenstand	weniger als 10 €	10 € bis 50 €	50 € bis 100 €	mehr als 100 €
a	Laptop				X
b	Kuscheltier	X			
c	Fahrrad				X
d	Radiergummi	X			
e	Spiel		X		
f	Skateboard				X
g	2 Bälle		X		

Euro und Cent

Du kennst jetzt alle Münzen und Scheine. Wenn du etwas kaufst, dann musst du dafür immer einen bestimmten Betrag an Euro und Cent bezahlen.

(!) 1 Euro ist mehr wert als 1 Cent.

1 Welche Kiste ist wertvoller? Kreuze an und begründe. **

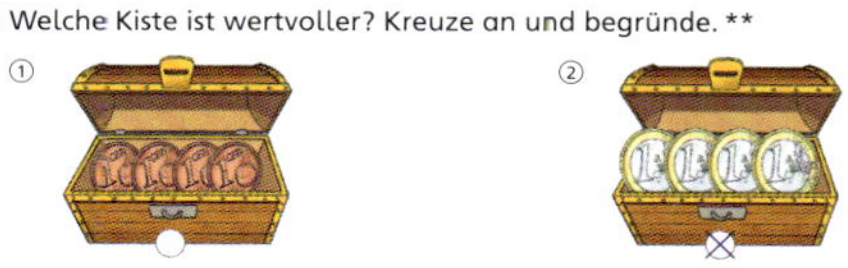

Kiste 2 ist wertvoller, da in dieser Kiste Euro-Münzen enthalten sind.

2 Was kostet es? Setze ein: € oder ct.

a  50 ct

b  1 € 60 ct

c  120 €

d  45 ct

e  1 € 10 ct

f  90 €

3 Wie viel Geld ist es? Rechne zusammen und notiere den Betrag.

a 

15 € 55 ct

b 

57 € 78 ct

c 

5 € 05 ct

 ** Beispiellösung

Geldbeträge umrechnen

Du musst dir folgende Umrechnung merken:

(!) 1 € = 100 ct

Schreibweisen

Du kannst Geldbeträge gemischt schreiben. — 2 € 50 ct

Du kannst aber auch nur den Cent-Betrag angeben. — 2 € 50 ct = 250 ct

4 Wie viel Geld ist es?

a 

7 € 75 ct = 775 ct

b 

6 € 25 ct = 625 ct

5 Ergänze die fehlende Schreibweise.

a 1 € = 100 ct

b 2 € 50 ct = 250 ct

c 4 € 5 ct = 405 ct

d 10 € = 1000 ct

e 7 € 11 ct = 711 ct

f 9 € 99 ct = 999 ct

g 8 € 23 ct = 823 ct

h 6 € 7 ct = 607 ct

i 3 € 43 ct = 343 ct

Ich kann jetzt …	✓
… alle Münzen und Scheine benennen und zeichnen.	○
… den ungefähren Preis von Gegenständen bestimmen.	○
… Geldbeträge umrechnen.	○
… Geldbeträge zusammenrechnen.	○

1 Wie heißt die geometrische Form? Verbinde.

Tipp: zum Lösen der Aufgabe: Merkkasten 1 „Geometrische Formen“

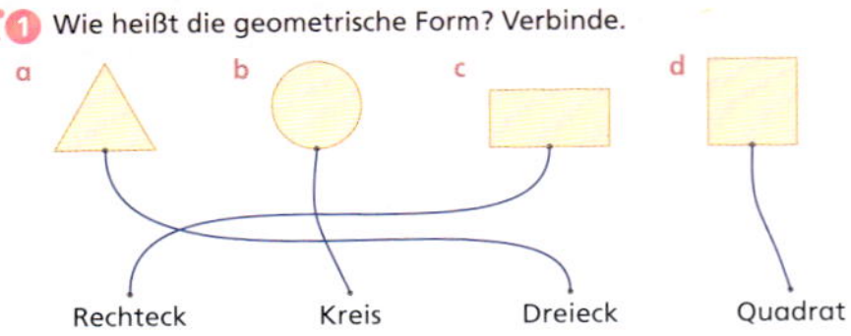

2 Ergänze die Tabelle.

Tipp: zum Lösen der Aufgabe: Merkkasten 1 „Geometrische Formen“

	Geometrische Form	Seiten	Ecken
a	(Quadrat)	4	4
b	(Kreis)	0	0
c	(Dreieck)	3	3
d	(Rechteck)	4	4

3 Kannst du Tessa Tintes Rätsel lösen?

a Schreibe deine Antwort auf.

Lösung: der Kreis

b Überprüfe jetzt deine Lösung mithilfe des Lösungshefts. Wenn deine Antwort noch nicht ganz richtig war, verbessere sie. Sobald du die richtige Lösung eingetragen hast, darfst du in deinem Stickerbogen nach dem besonderen Sternchen-Sticker suchen, den Tessa dort für dich versteckt hat. Klebe ihn hier auf die Seite:

Tipp: zum Lösen der Aufgabe: Merkkasten 1 „Geometrische Formen“

1 Geometrische Formen

Geometrische Formen haben Seiten und Ecken.

Form	Quadrat	Rechteck	Dreieck	Kreis
Seiten	4	4	3	0
Ecken	4	4	3	0

Eine Ecke entsteht, wenn sich zwei Seiten treffen.

! Der Kreis hat keine Ecken und Seiten, weil er rund ist.

1 Welche Eigenschaften treffen auf die geometrische Form zu? Verbinde.

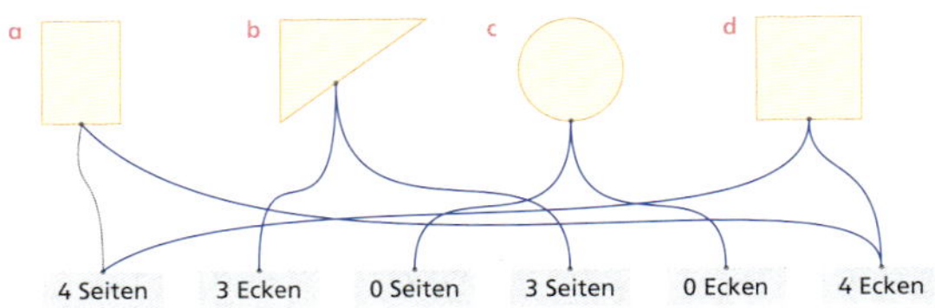

2 Was ist der Unterschied zwischen einem Rechteck und einem Quadrat? Beschreibe. Verwende dabei die Begriffe, die Tessa für dich bereithält. **

Bei einem Quadrat sind alle 4 Seiten gleich lang. Bei einem Rechteck sind immer 2 gegenüberliegende Seiten gleich lang.

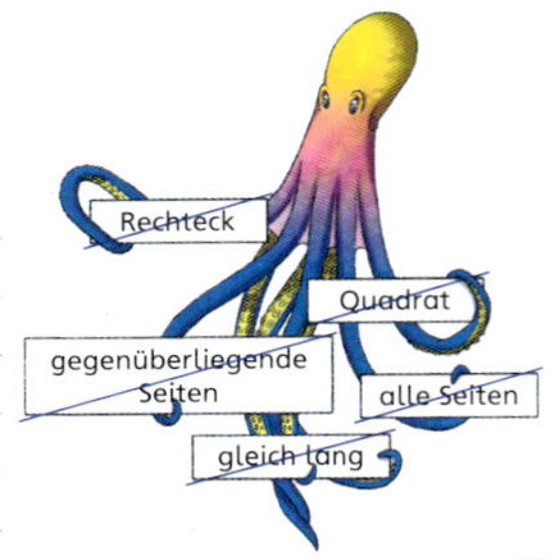

** Beispiellösung

Besondere Vierecke

! Ein Viereck hat immer 4 Ecken.

Das Rechteck und das Quadrat sind besondere Vierecke:

Rechteck:
Gegenüberliegende Seiten sind immer gleich lang.

Seite 1 und 3 sind gleich lang. Seite 2 und 4 sind gleich lang.

Quadrat:
Alle 4 Seiten sind gleich lang.

Alle 4 Seiten sind gleich lang.

1 Welche geometrische Form ist gemeint? Verbinde.

a Alle 4 Seiten sind gleich lang.

b Alle 3 Seiten können gleichlang oder unterschiedlich lang sein.

c Die gegenüberliegenden Seiten sind immer gleich lang.

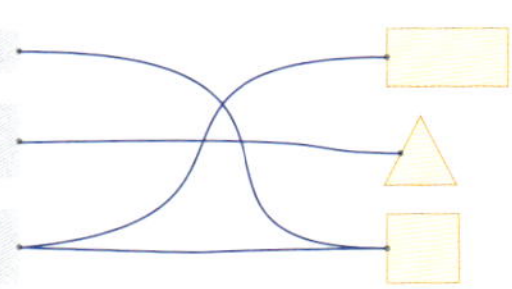

2 Welche geometrischen Formen kannst du in den Gegenständen erkennen? Ergänze die Tabelle.

	Gegenstand	Form
①	Brief	Rechteck
②	Geodreieck	Dreieck
③	Uhr	Kreis
④	Bild	Quadrat
⑤	Müslipackung	Rechteck
⑥	Teller	Kreis
⑦	Würfel	Quadrat

3 Schaue dir das Bild genau an.

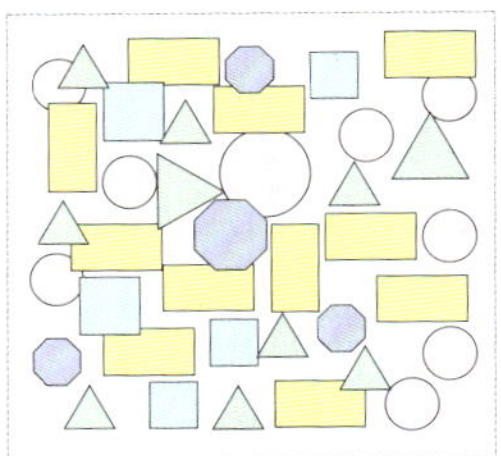

Form	Anzahl	Farbe
Dreieck	10	grün
Quadrat	5	blau
Kreis	9	pink
Rechteck	11	gelb
Achteck	4	lila

a Zähle die geometrischen Formen. Trage die Anzahlen in die Tabelle ein.

b Male die Formen im Bild in der Farbe an, wie es in der Tabelle steht.

4 Eine der geometrischen Formen im Bild aus **Aufgabe 3** ist das Achteck.

a Zeichne ein Achteck in das Kästchen. Verwende Lineal und Bleistift dazu. **

b Markiere alle Ecken rot.

c Markiere alle Seiten blau.

d Wie viele Ecken hat das Achteck?

Das Achteck hat 8 Ecken.

e Wie viele Seiten hat das Achteck?

Das Achteck hat 8 Seiten.

f Male dein Achteck in einer Farbe deiner Wahl an. *

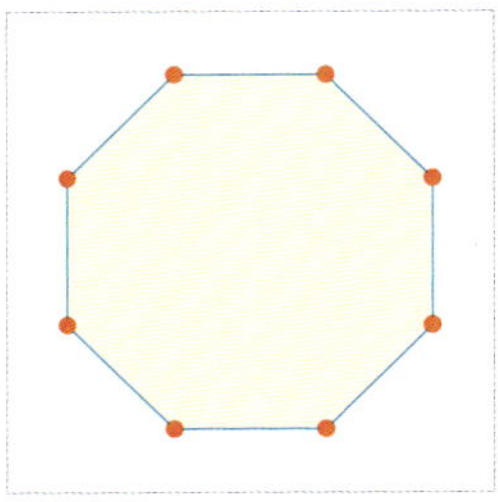

Ich kann jetzt …

- … geometrische Formen benennen und unterscheiden.
- … die Eigenschaften von geometrischen Formen nennen.
- … besondere Vierecke unterscheiden.

* Individuelle Lösung
** Beispiellösung

Körper · Geometrie — Test

1 Wie viele Bausteine wurden jeweils verbaut? Ergänze die Tabelle.

Tipp zum Lösen der Aufgabe: Merkkasten 1 „Geometrische Körper im Alltag"

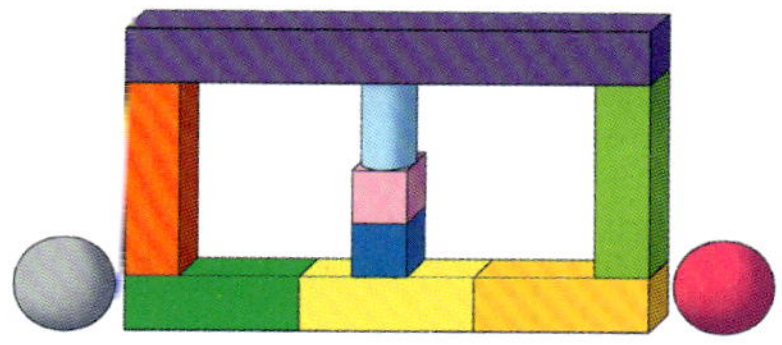

Körper				
Anzahl	1	2	6	2

2 Wie heißen die Körper? Ergänze die Tabelle.

Tipp zum Lösen der Aufgabe: Merkkasten 1 „Geometrische Körper im Alltag"

Körper				
Name	Zylinder	Würfel	Quader	Kugel

3 Welche Körper haben die Eigenschaften? Kreuze an.

Tipp zum Lösen der Aufgabe: Merkkasten 1 „Geometrische Körper im Alltag"

a Diese Körper sind rund und/oder können rollen.

b Diese Körper sind eckig und können kippen.

Körper · Geometrie — Hinweis

1 Geometrische Körper im Alltag

Es gibt verschiedene geometrische Körper. Du kannst sie auch in deinem Alltag finden, wenn du genau hinschaust.

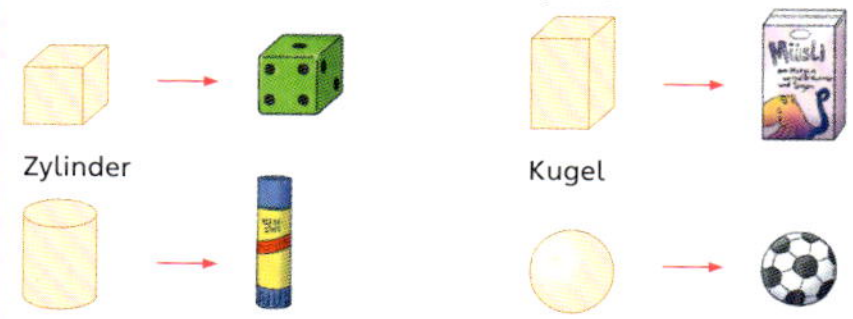

1 Welcher Körper passt? Verbinde.

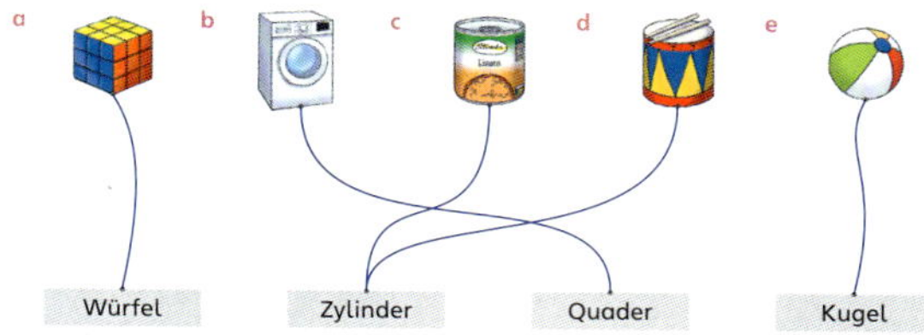

2 Schaue dich in deiner Umgebung um. Welche geometrischen Körper kannst du entdecken? Trage einen passenden Alltagsgegenstand in die Tabelle ein. *

	Körper	Alltagsgegenstand
a	Würfel	
b	Quader	
c	Zylinder	
d	Kugel	

* Individuelle Lösung

Körper · Geometrie — Vertiefung

Geometrische Körper

Geometrische Körper haben unterschiedliche Eigenschaften: Es gibt …

Flächen Kanten Ecken

Quader:
6 Flächen
12 Kanten
8 Ecken

Zwei Flächen werden durch eine Kante miteinander verbunden.
An einer Ecke stoßen mindestens drei Kanten aneinander.
Eine Kante trennt zwei Flächen voneinander.

1 Markiere bei dem Körper eine Fläche orange, alle Ecken rot und alle Kanten blau. **

a

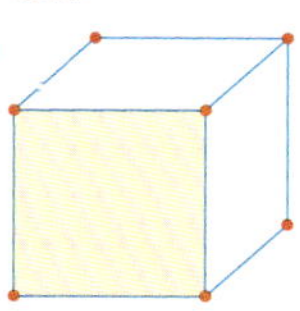

b

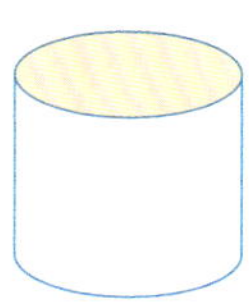

2 Ergänze die Tabelle.

Körper	Würfel	Quader	Zylinder	Kugel
Flächen	6	6	3	1
Kanten	12	12	2	0
Ecken	8	8	0	0

** Beispiellösung

Körper · Geometrie — Vertiefung

Würfelgebäude

Ein Würfelgebäude ist ein Bauwerk aus mehreren Würfeln.
Beim Bauen eines Würfelgebäudes gibt es wichtige Regeln:
Regel 1: Die Würfel liegen immer Kante an Kante.
Regel 2: Die Würfel liegen immer Fläche an Fläche.
Regel 3: Es darf keine Lücke zwischen den Würfeln sein.

Je nachdem, aus welcher Richtung du das Würfelgebäude betrachtest, siehst du eine andere Ansicht.

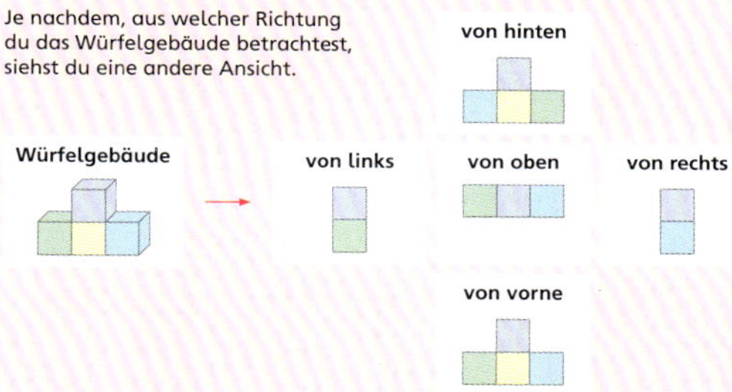

3 Aus welcher Ansicht siehst du das Würfelgebäude? Schreibe auf.

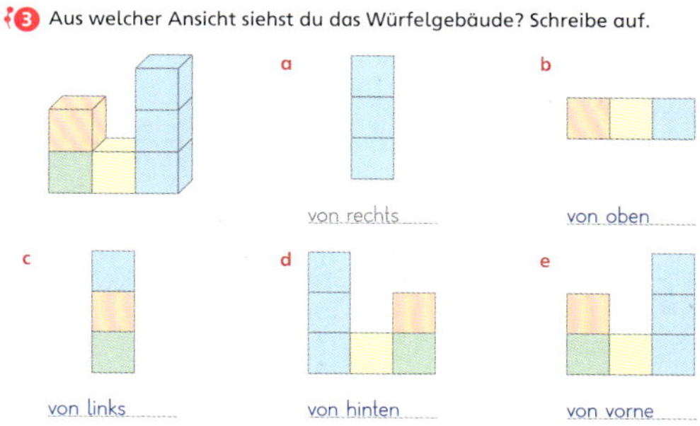

Körper · Geometrie — Vertiefung

Baupläne

Damit du ein Würfelgebäude jederzeit nachbauen kannst, musst du einen Bauplan erstellen.

Würfelgebäude

Bauplan

1	3	2	1
			1

ⓘ Die Zahl in jedem Feld gibt an, wie viele Würfel dort übereinanderliegen.

In einem Bauplan notierst du, wie viele Würfel jeweils in einem Feld aufeinandergestapelt werden. Er zeigt also immer die Draufsicht des Würfelgebäudes (von oben).

4 Erstelle den Bauplan für das Würfelgebäude.

a

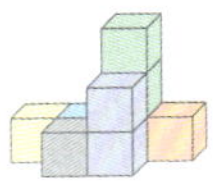

1	1	3	1
	1	2	

b

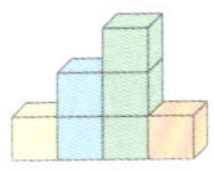

1	2	3	1

c

3	1	3	1
	1	1	

Ich kann jetzt …	✓
… die Eigenschaften von geometrischen Körpern benennen.	○
… einem Würfelgebäude verschiedene Ansichten zuordnen.	○
… Baupläne von Würfelgebäuden erstellen.	○

Bandornamente und Parkettierungen · Geometrie — Test

1 Setze das Muster fort. Male an.

Tipp zum Lösen der Aufgabe: Merkkasten 1 „Muster"

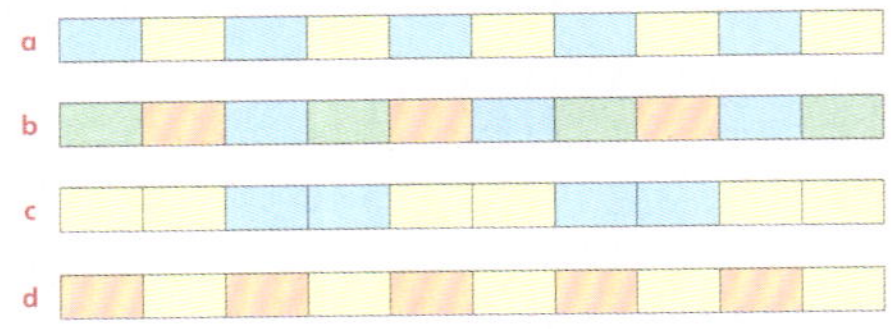

2 Setze das Muster fort. Verwende zum Zeichnen Lineal und Bleistift.

Tipp zum Lösen der Aufgabe: Merkkasten 1 „Muster"

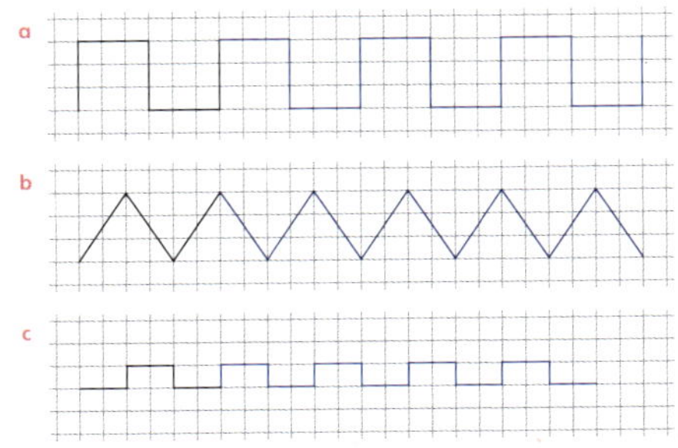

3 Setze das Muster fort. Male die Kreise blau und die Quadrate rot an.

Tipp zum Lösen der Aufgabe: Merkkasten 1 „Muster"

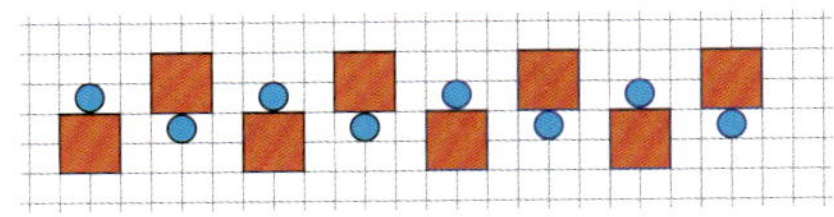

Bandornamente und Parkettierungen · Geometrie — Hinweis

1 Muster

Muster entstehen, wenn sich bestimmte Formen und Farben wiederholen. Ein Muster kann aus Linien bestehen.

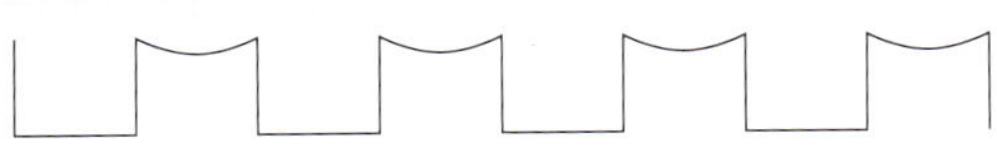

Ein Muster kann aus geometrischen Formen bestehen.

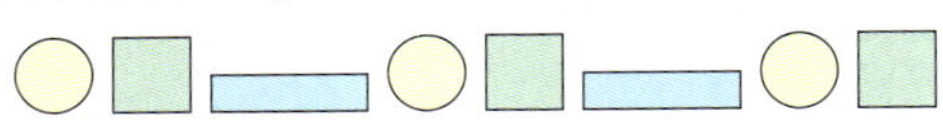

1 Setze das Muster fort. Verwende zum Zeichnen Lineal und Bleistift.

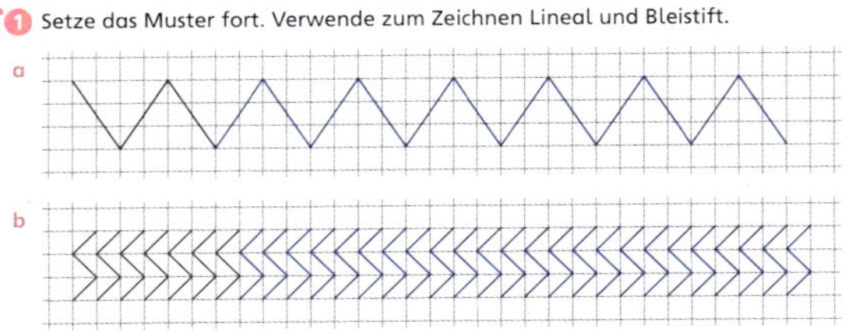

2 Setze das Muster fort. Male an.

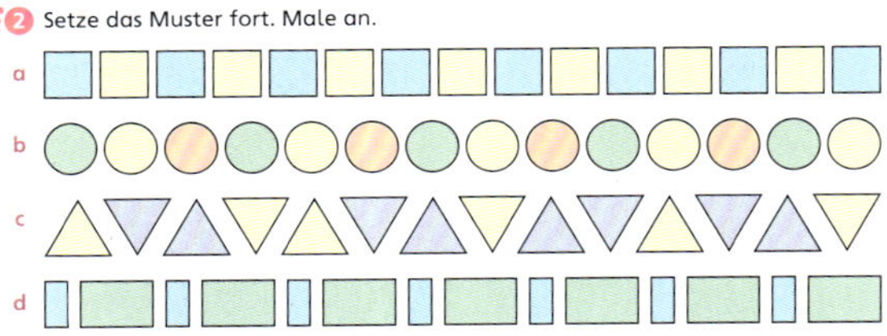

Bandornamente und Parkettierungen · Geometrie — Vertiefung

Grundmuster

Wenn du ein Muster genau anschaust, kannst du erkennen, wie es weitergeht.

„gelb – grün – blau – gelb – grün – blau – **gelb** …"

Um herauszufinden, wie ein Muster weitergeht, kannst du dir die Merkmale laut vorsagen. Bei diesem Muster muss der nächste Stern gelb gefärbt werden und die Gruppe ☆☆☆ wiederholt sich mehrmals.

ⓘ Eine Gruppe von Formen, die sich in einem Muster wiederholt, nennst du Grundmuster.

1 Kannst du das Grundmuster erkennen? Kreise es ein.

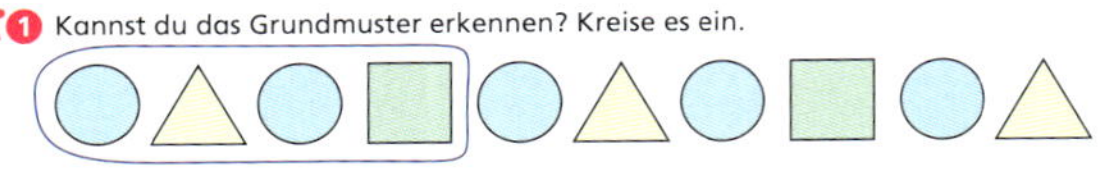

2 Setze das Muster richtig fort. Male an. Finde das Grundmuster und kreise es ein.

Ich kann jetzt …	✓
… geometrische Muster richtig fortsetzen.	○
… das Grundmuster in einem Muster finden.	○

1 Ist die Figur symmetrisch? Wenn ja, kreuze an.

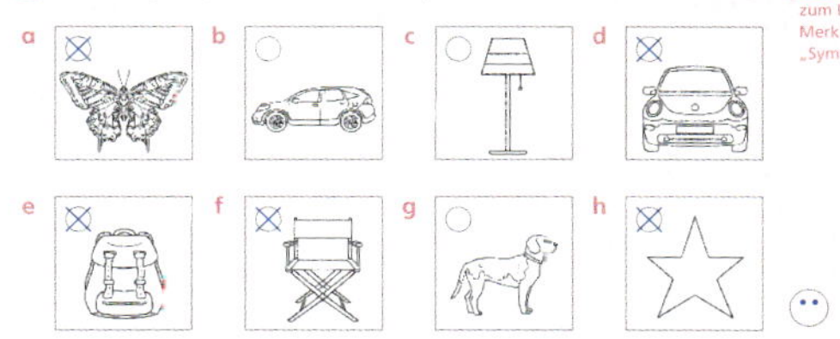

Tipp zum Lösen der Aufgabe: Merkkasten 1 „Symmetrien"

2 Finde die passende Hälfte, sodass die Figur symmetrisch wird. Verbinde.

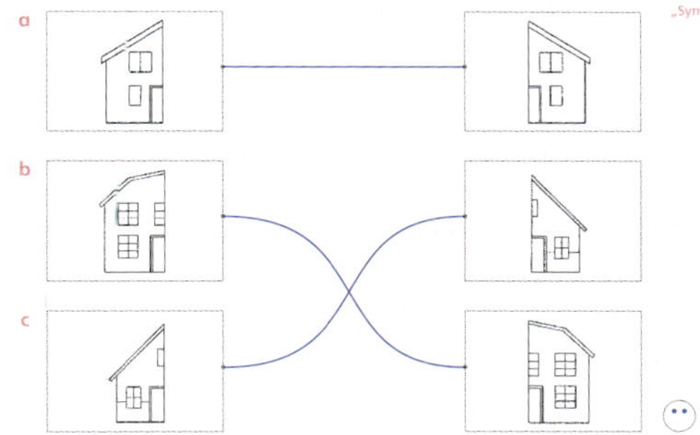

Tipp zum Lösen der Aufgabe: Merkkasten 1 „Symmetrien"

3 Ergänze, sodass eine symmetrische Figur entsteht.

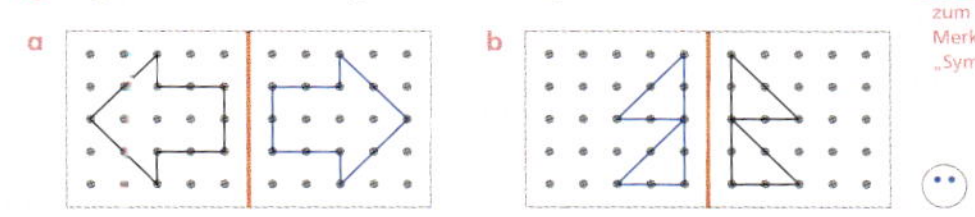

Tipp zum Lösen der Aufgabe: Merkkasten 1 „Symmetrien"

1 Symmetrien

Eine Figur ist symmetrisch, wenn beide Hälften genau gleich sind. Das nennst du auch „spiegelgleich". Es bedeutet, dass du in der Mitte der Figur einen Spiegel anlegen kannst, durch den du die Figur dann wieder ganz siehst.

symmetrisch: **nicht symmetrisch:**

(!) Um zu entscheiden, ob etwas symmetrisch ist, kann es dir helfen zu überlegen, ob du die Figur so falten kannst, dass beide Hälften genau gleich übereinanderliegen.

1 Ist die Figur symmetrisch? Wenn ja, kreuze an.

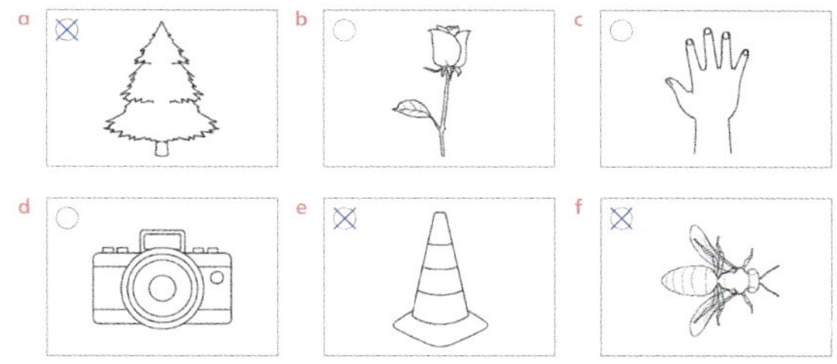

2 Ergänze, sodass eine symmetrische Figur entsteht.

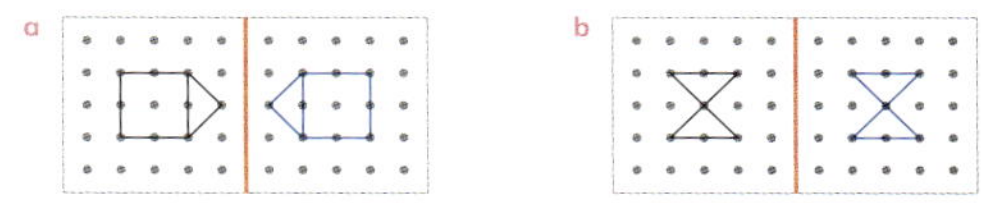

Spiegelachsen einzeichnen

Die Spiegelachse ist die Linie, die eine symmetrische Figur in zwei spiegelgleiche Hälften teilt.
Wenn du eine symmetrische Figur an der Spiegelachse zusammenfaltest, passen beide Hälften genau aufeinander.

symmetrisch: **nicht symmetrisch:**

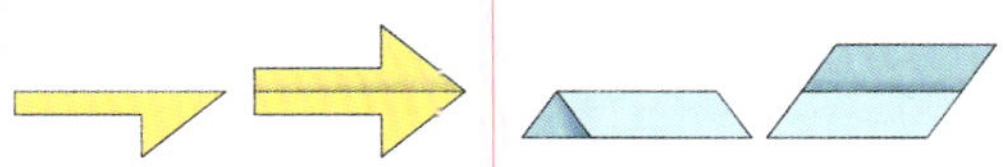

(!) Figuren, die nicht symmetrisch sind, haben auch keine Spiegelachse.

1 Welcher Buchstabe entsteht, wenn du den Faltschnitt an der Spiegelachse aufklappst?

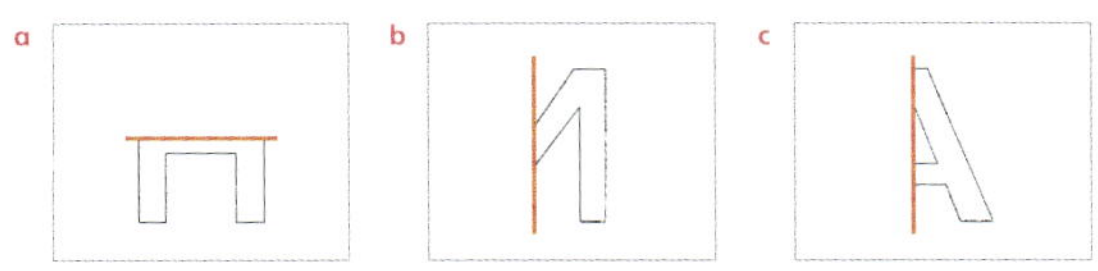

a H b M c A

2 Zeichne die Spiegelachse(n) der Figur ein. Verwende dazu dein Lineal.

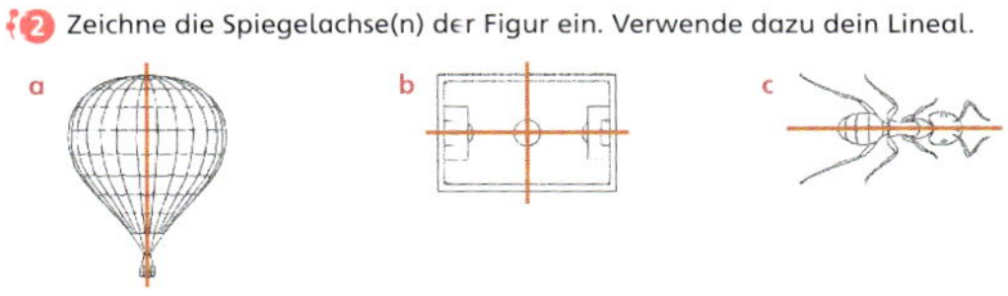

3 Zeichne die Spiegelachse(n) der Figur ein. Verwende dazu dein Lineal.

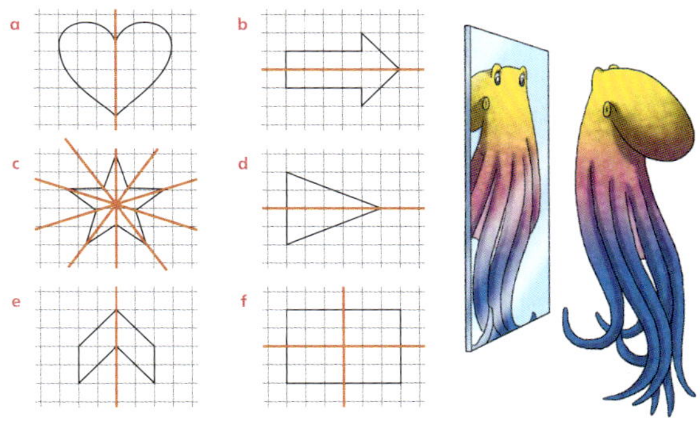

4 Wie viele Spiegelachsen kannst du finden? Zeichne sie ein. Verwende dazu dein Lineal. Schreibe dann die Anzahl auf.

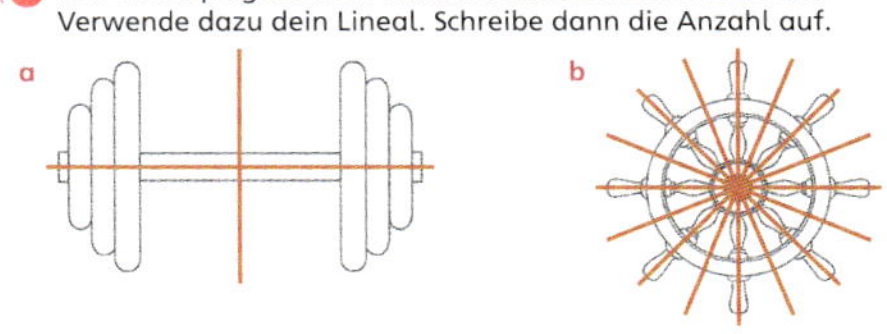

a Diese Figur hat 2 Spiegelachsen. b Diese Figur hat 8 Spiegelachsen.

Ich kann jetzt …	✓
… symmetrische Figuren von nicht symmetrischen Figuren unterscheiden.	○
… erklären, was eine Spiegelachse ist.	○
… Spiegelachsen in symmetrische Figuren einzeichnen.	○

1 Das ist die Klasse 2b.

Tipp zum Lösen der Aufgabe: Merkkasten 1 „Daten sammeln"

a Was tragen die Kinder an diesem Tag? Erstelle zu jedem Kleidungsstück eine Strichliste.

Kleidungsstück	Strichliste
Hose	𝍸 𝍸
Rock	|||
Kleid	||
T-Shirt	𝍸 |||
Pullover	𝍸

b Ergänze die Tabelle.

Kleidungsstück	Hose	Rock	Kleid	T-Shirt	Pullover
Anzahl	10	3	2	8	5

2 Schreibe eine passende Fragestellung zu der Umfrage auf. **

Tipp zum Lösen der Aufgabe: Merkkasten 1 „Daten sammeln"

Eis	Vanille	Schokolade	Erdbeere
Anzahl	0	3	5

Frage: Was ist deine Lieblingseissorte?

 ** Beispiellösung

1 Daten sammeln

Um Informationen zu einem Thema zu sammeln, kannst du eine Umfrage machen.

Schritt 1: Überlege dir eine Frage zum Thema deiner Umfrage.
Schritt 2: Stelle vielen Personen deine Frage. Notiere ihre Antworten.

Thema: Lieblingsfarbe
Frage: „Was ist deine Lieblingsfarbe?"

Am Ende der Umfrage erhältst du „Daten".
Du kannst Daten unterschiedlich sammeln:

Strichliste

Gelb: 𝍸
Rot: ||

(!) Denke an den Querstrich bei 5.

Tabelle

Lieblingsfarbe	Gelb	Rot
Anzahl	5	2

1 Tessa Tinte und ihr Freund Toni können ihre Tentakel bunt färben.

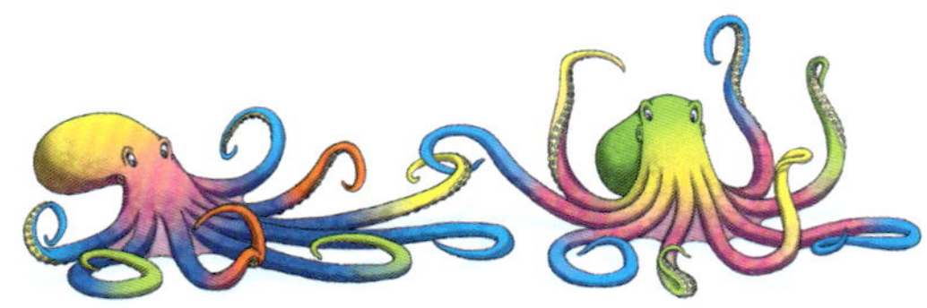

a Fertige eine Strichliste zu den Farben ihrer Tentakel an.

Tentakelfarbe	Strichliste
	𝍸 ||
	||
	|||
	||||

b Ergänze die Tabelle.

Tentakelfarbe				
Anzahl	7	2	3	4

2 Schaue dir die Tabelle genau an.

	zu Fuß	mit dem Auto	mit dem Fahrrad	mit dem Zug
Anzahl	12	5	4	0

a Welche Umfrage könnte die Tabelle abbilden? Kreuze an.

Lieblingstier der Klasse ◯ Weg zur Schule ☒ Lieblingsfach ◯

b Begründe deine Wahl. **

Die Tabelle zeigt die Daten aus der Umfrage „Weg zur Schule", weil die genannten Merkmale Möglichkeiten nennen, wie ein Kind zur Schule kommen kann.

3 Zu welchem Thema könntest du in deiner Klasse eine Umfrage machen? Ergänze die Tabelle. **

	Thema	Fragestellung
a	Essen	Was ist dein Lieblingsessen?
b	Farbe	Was ist deine Lieblingsfarbe?
c	Jahreszeit	Was ist deine Lieblingsjahreszeit?

4 Finde den Fehler in der Strichliste. Umkreise ihn (rot) und verbessere.

Haustier	Anzahl	Strichliste	Verbesserung
Hund	7	𝍸 ||	
Katze	9	(|||| ||||)	𝍸 ||||
Hase	3	|||	

 ** Beispiellösung

Daten auswerten

Nach einer Umfrage, kannst du deine Daten auswerten.
Dafür musst du dir die Angaben genau anschauen.

Schritt 1: Welche Daten wurden bei der Umfrage erhoben? Worum geht es? — Lieblingsfach
Schritt 2: Welches Merkmal wurde am häufigsten genannt? — Mathe
Schritt 3: Welches Merkmal wurde am wenigsten genannt? — Deutsch
Schritt 4: Gibt es Merkmale, die gleich oft genannt wurden? — Kunst, Musik

Umfrage: Mein Lieblingsfach

Fach	Deutsch	Mathe	Kunst	Musik
Anzahl	3	5	4	4

(!) Manchmal kannst du nicht alle Fragen beantworten.

1 Schaue dir das Bild von Tessa und den Meerestieren genau an.

a Ergänze die Tabelle. Zähle nur die Tiere, die die gleiche Farbe wie die Spalte in der Tabelle haben.

Meerestier	Strichliste	Anzahl
Tintenfisch	|||| |	6
Krebs	|||| |||| ||||	15
Hai	||||	4
Fisch	|||| |||| |||| |||| |||	23

b Werte die Daten aus und beantworte die Fragen.

Welche Meerestiere gibt es am meisten? Fische

Welche Meerestiere gibt es am wenigsten? Haie

Kommen zwei Arten gleich oft vor? Nein

2 Du siehst das Ergebnis von Tessas Umfrage „Mein Lieblingssong". Beantworte die Frage und begründe deine Antwort. **

Lieblingssong	 „Unter Wasser"	 „Tintenfisch-Rap"	 „Krabbensong"
Anzahl	10	18	12

Frage: Was ist der Lieblingssong von Tessa Tinte?

Antwort: Ich kann die Frage nicht beantworten, da ich nicht erkennen kann, für welchen Song Tessa gestimmt hat.

Ich kann jetzt ... ✓

... Daten sammeln und verschieden darstellen. ○

... Daten auswerten. ○

 ** Beispiellösung

1 Nach dem Spielen liegen alle Seesterne auf einem großen Haufen. Kannst du Tessa Tinte helfen, sie wieder aufzuräumen? **

Tipp: zum Lösen der Aufgabe: Merkkasten 1 „Kombinatorik"

a Finde alle 10 Möglichkeiten, welche beiden Seesterne du zusammen in eine Box legen kannst – zweimal die gleiche Farbe ist erlaubt, die Reihenfolge der Farben in einer Box ist egal. Male an.

b Wie viele Möglichkeiten bleiben übrig, wenn du nicht zweimal die gleiche Farben nehmen darfst?

Es bleiben 6 Möglichkeiten übrig.

** Beispiellösung

1 Kombinatorik

Um herauszufinden, wie viele Möglichkeiten es für die Lösung einer Fragestellung gibt, kannst du entweder ausprobieren oder rechnen. Diesen Teilbereich der Mathematik nennt man „Kombinatorik".

Folgende Tipps helfen dir beim Herausfinden der Möglichkeiten:

Tipp 1: Zeichne oder male dir die verschiedenen Möglichkeiten auf.

Tipp 2: Verwende Abkürzungen, das spart dir Zeit (Beispiel: r für rot).

Tipp 3: Lasse eine Möglichkeit an der gleichen Position. Tausche die zweite Möglichkeit der Reihe nach aus.

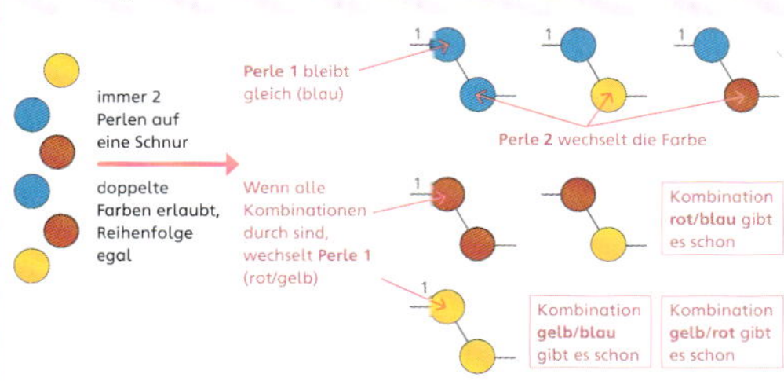

1 Du darfst dir 2 neue Sticker für dein Stickeralbum aussuchen. Du kannst entweder 2 verschiedene oder 2 gleiche Sticker nehmen. Finde alle 6 Möglichkeiten – die Reihenfolge der Sticker ist egal. Male an. **

 ** Beispiellösung

Wahrscheinlichkeitsbegriffe

a

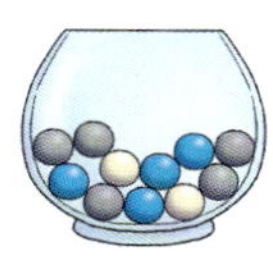

	sicher: Das Ereignis tritt immer ein.	„Ich ziehe eine Kugel."
	möglich: Das Ereignis kann eintreten, muss aber nicht.	„Ich ziehe eine blaue Kugel."
	unmöglich: Das Ereignis tritt niemals ein.	„Ich ziehe eine orange Kugel."

1 Tessa Tinte hat eine Überraschung für ihren Freund Toni vorbereitet. Er darf aus ihrer Algenschale einmal ziehen. Bewerte seine Aussage und kreuze an.

a 

„Ich ziehe eine Muschel."

sicher ☒ möglich ○ unmöglich ○

b 

„Ich ziehe einen Seestern."

sicher ○ möglich ☒ unmöglich ○

c 

„Ich ziehe eine Krabbe."

sicher ○ möglich ○ unmöglich ☒

2 Male die Kugeln an, sodass die Aussage stimmt. **

a „Ich ziehe sicher eine rote Kugel."

b „Es ist unmöglich, dass ich eine gelbe Kugel ziehe."

** Beispiellösung

Wahrscheinlichkeiten · Zahlen, Daten, Wahrscheinlichkeiten — Vertiefung

b Um noch genauer beurteilen zu können, mit welcher Wahrscheinlichkeit ein zufälliges Ereignis eintritt, kannst du zwei weitere Begriffe verwenden:

eher wahrscheinlich: Das Ereignis tritt wahrscheinlich ein.

unwahrscheinlich: Das Ereignis tritt selten ein.

„Ich ziehe eine blaue Kugel."
→ In der Urne sind am meisten blaue Kugeln enthalten.

„Ich ziehe eine orange Kugel."
→ In der Urne ist nur eine orange Kugel enthalten.

3 Du darfst mit geschlossenen Augen in die Tüte greifen und eine Nuss ziehen. Ergänze die Aussage, sodass sie zum Bild passt. **

- Haselnuss
- Walnuss
- Mandel
- Erdnuss

a Es ist sicher, dass ich eine Nuss ziehe.

b Es ist unwahrscheinlich, dass ich eine Walnuss ziehe.

c Es ist eher wahrscheinlich, dass ich eine Haselnuss ziehe.

d Es ist unmöglich, dass ich eine Erdnuss ziehe.

e Es ist möglich, dass ich eine Mandel ziehe.

Ich kann jetzt …	✓
… verschiedene Möglichkeiten durch das Ausprobieren herausfinden.	○
… Wahrscheinlichkeitsbegriffe sicher verwenden.	○

96 ** Beispiellösung

Geldbeträge umrechnen

Du musst dir folgende Umrechnung merken:

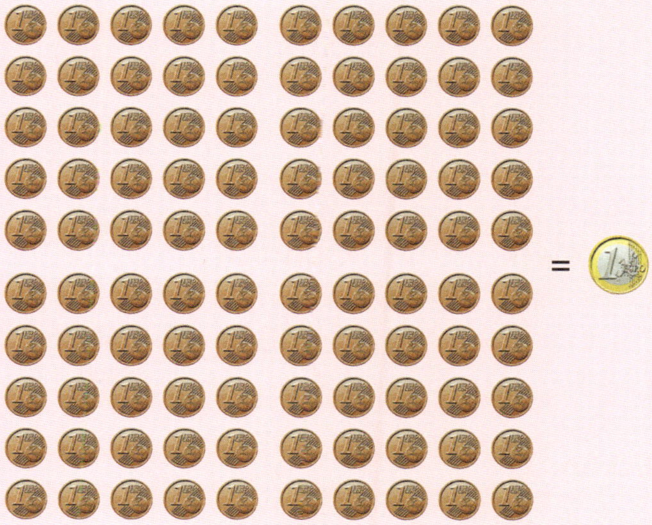

(!) 1 € = 100 ct

Schreibweisen

Du kannst Geldbeträge gemischt schreiben.
Du kannst aber auch nur den Cent-Betrag angeben.

2 € 50 ct
2 € 50 ct = 250 ct

4 Wie viel Geld ist es?

a

_____ € _____ ct = _____ ct

b

_____ € _____ ct = _____ ct

5 Ergänze die fehlende Schreibweise.

a 1 € = 100 ct
b _____ = 250 ct
c 4 € 5 ct = _____
d 10 € = _____
e 7 € 11 ct = _____
f _____ = 999 ct
g _____ = 823 ct
h 6 € 7 ct = _____
i _____ = 343 ct

Ich kann jetzt …	✓
… alle Münzen und Scheine benennen und zeichnen.	◯
… den ungefähren Preis von Gegenständen bestimmen.	◯
… Geldbeträge umrechnen.	◯
… Geldbeträge zusammenrechnen.	◯

1 Wie heißt die geometrische Form? Verbinde.

a b c d

Rechteck Kreis Dreieck Quadrat

Tipp zum Lösen der Aufgabe: Merkkasten 1 „Geometrische Formen"

2 Ergänze die Tabelle.

	Geometrische Form	Seiten	Ecken
a			
b			
c	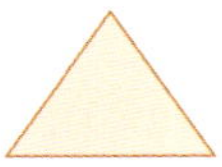		
d			

Tipp zum Lösen der Aufgabe: Merkkasten 1 „Geometrische Formen"

3 Kannst du Tessa Tintes Rätsel lösen?

a Schreibe deine Antwort auf.

Lösung: ______________________

b Überprüfe jetzt deine Lösung mithilfe des Lösungshefts. Wenn deine Antwort noch nicht ganz richtig war, verbessere sie. Sobald du die richtige Lösung eingetragen hast, darfst du in deinem Stickerbogen nach dem besonderen Sternchen-Sticker suchen, den Tessa dort für dich versteckt hat.
Klebe ihn hier auf die Seite:

Tipp zum Lösen der Aufgabe: Merkkasten 1 „Geometrische Formen"

1 Geometrische Formen

Geometrische Formen haben Seiten und Ecken.

Form	Quadrat	Rechteck	Dreieck	Kreis
			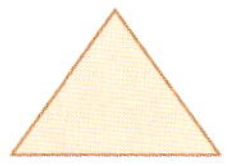	
Seiten	4	4	3	0
Ecken	4	4	3	0

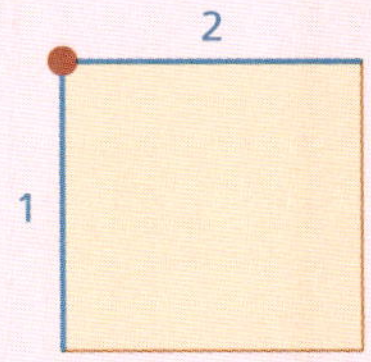

Eine Ecke entsteht, wenn sich zwei Seiten treffen.

(!) Der Kreis hat keine Ecken und Seiten, weil er rund ist.

1 Welche Eigenschaften treffen auf die geometrische Form zu? Verbinde.

a 

b 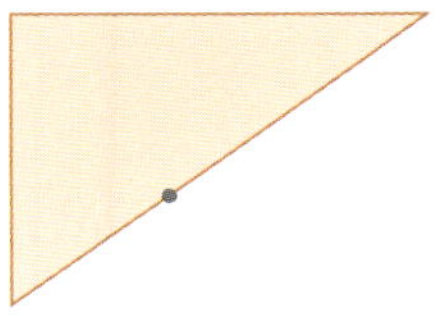

c 

d 

4 Seiten | 3 Ecken | 0 Seiten | 3 Seiten | 0 Ecken | 4 Ecken

2 Was ist der Unterschied zwischen einem Rechteck und einem Quadrat? Beschreibe. Verwende dabei die Begriffe, die Tessa für dich bereithält.

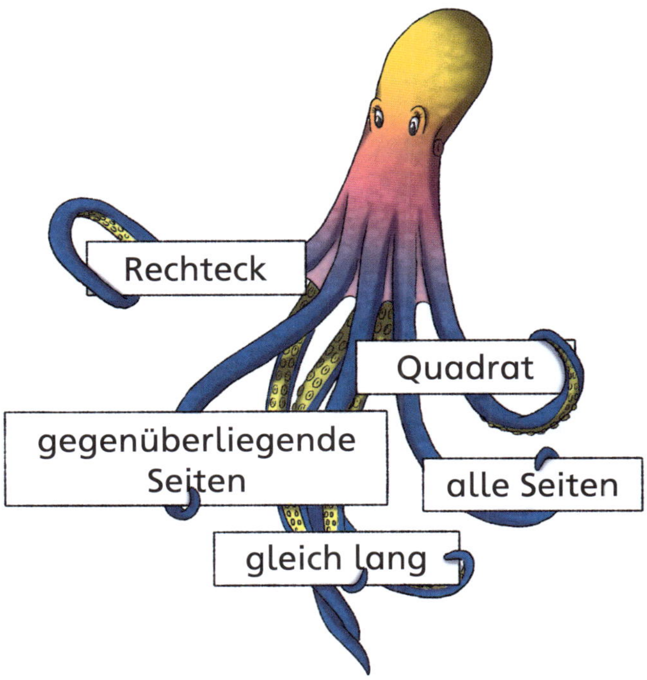

____

____

____

____

____

____

2 Mehrere Lösungen sind möglich.

Besondere Vierecke

(!) Ein Viereck hat immer 4 Ecken.

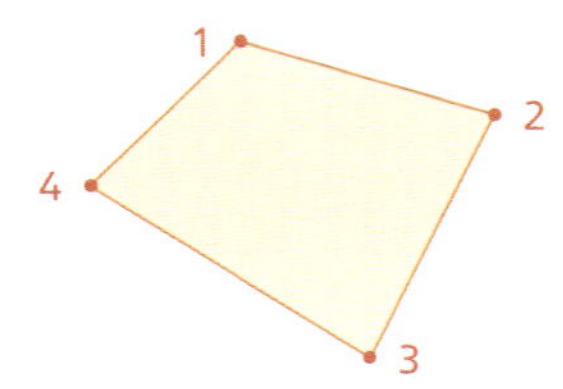

Das Rechteck und das Quadrat sind besondere Vierecke:

Rechteck:
Gegenüberliegende Seiten sind immer gleich lang.

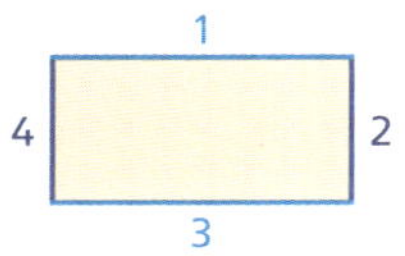

→ Seite 1 und 3 sind gleich lang.
Seite 2 und 4 sind gleich lang.

Quadrat:
Alle 4 Seiten sind gleich lang.

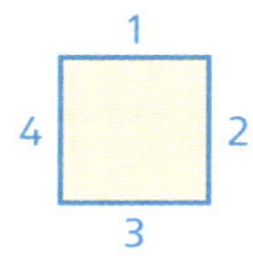

→ Alle 4 Seiten sind gleich lang.

1 Welche geometrische Form ist gemeint? Verbinde.

a Alle 4 Seiten sind gleich lang.

b Alle 3 Seiten können gleichlang oder unterschiedlich lang sein.

c Die gegenüberliegenden Seiten sind immer gleich lang.

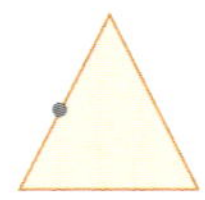

2 Welche geometrischen Formen kannst du in den Gegenständen erkennen? Ergänze die Tabelle.

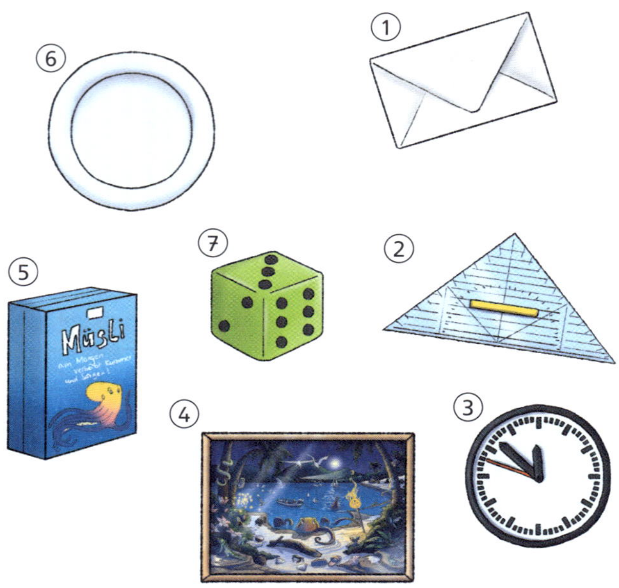

	Gegenstand	Form
①	Brief	Rechteck
②	Geodreieck	
③	Uhr	
④	Bild	
⑤	Müslipackung	
⑥	Teller	
⑦	Würfel	

3 Schaue dir das Bild genau an.

Form	Anzahl	Farbe
Dreieck		grün
Quadrat		blau
Kreis		pink
Rechteck		gelb
Achteck		lila

a Zähle die geometrischen Formen. Trage die Anzahlen in die Tabelle ein.

b Male die Formen im Bild in der Farbe an, wie es in der Tabelle steht.

4 Eine der geometrischen Formen im Bild aus **Aufgabe 3** ist das Achteck.

a Zeichne ein Achteck in das Kästchen. Verwende Lineal und Bleistift dazu.

b Markiere alle Ecken rot.

c Markiere alle Seiten blau.

d Wie viele Ecken hat das Achteck?

____

e Wie viele Seiten hat das Achteck?

____

f Male dein Achteck in einer Farbe deiner Wahl an.

Ich kann jetzt …	✓
… geometrische Formen benennen und unterscheiden.	○
… die Eigenschaften von geometrischen Formen nennen.	○
… besondere Vierecke unterscheiden.	○

4 Zum Teil sind mehrere Lösungen möglich.

1 Wie viele Bausteine wurden jeweils verbaut? Ergänze die Tabelle.

Tipp zum Lösen der Aufgabe: Merkkasten 1 „Geometrische Körper im Alltag“

Körper	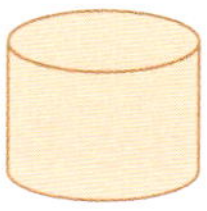	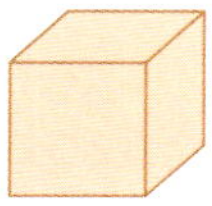		
Anzahl				

2 Wie heißen die Körper? Ergänze die Tabelle.

Tipp zum Lösen der Aufgabe: Merkkasten 1 „Geometrische Körper im Alltag“

Körper	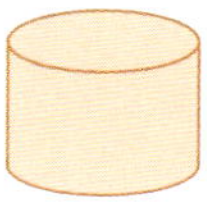	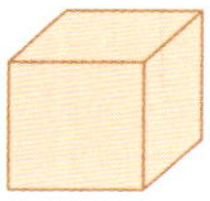		
Name				

3 Welche Körper haben die Eigenschaften? Kreuze an.

Tipp zum Lösen der Aufgabe: Merkkasten 1 „Geometrische Körper im Alltag“

a Diese Körper sind rund und/oder können rollen.

○ 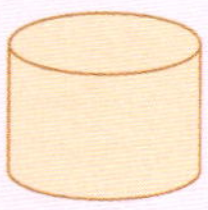 ○ 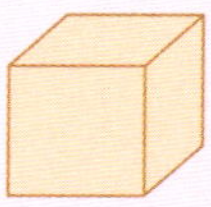 ○  ○ 

b Diese Körper sind eckig und können kippen.

○ 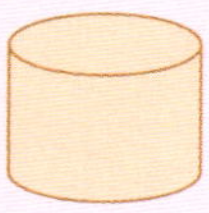 ○ 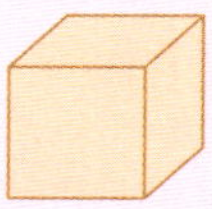 ○  ○ 

1 Geometrische Körper im Alltag

Es gibt verschiedene geometrische Körper. Du kannst sie auch in deinem Alltag finden, wenn du genau hinschaust.

Würfel

Quader

Zylinder

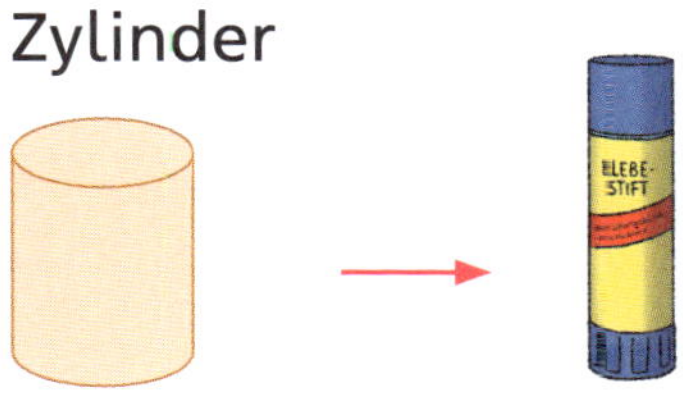

Kugel

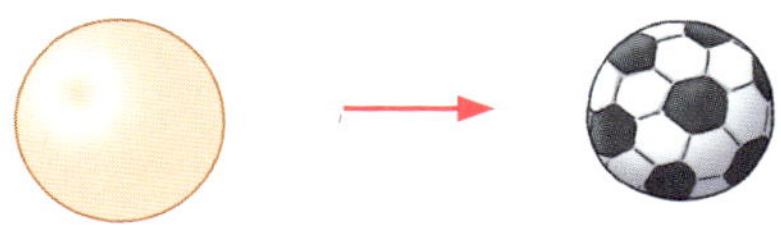

1 Welcher Körper passt? Verbinde.

a 

b 

c 

d 

e 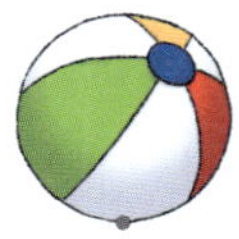

Würfel | Zylinder | Quader | Kugel

2 Schaue dich in deiner Umgebung um. Welche geometrischen Körper kannst du entdecken? Trage einen passenden Alltagsgegenstand in die Tabelle ein.

	Körper	Alltagsgegenstand
a	Würfel	
b	Quader	
c	Zylinder	
d	Kugel	

2 Mehrere Lösungen sind möglich.

Geometrische Körper

Geometrische Körper haben unterschiedliche Eigenschaften: Es gibt …

Flächen **Kanten** **Ecken**

ⓘ Quader:
6 Flächen
12 Kanten
8 Ecken

Zwei **Flächen** werden durch eine **Kante** miteinander verbunden.
An einer **Ecke** stoßen mindestens drei **Kanten** aneinander.
Eine **Kante** trennt zwei **Flächen** voneinander.

1[1] Markiere bei dem Körper eine Fläche orange, alle Ecken rot und alle Kanten blau.

a
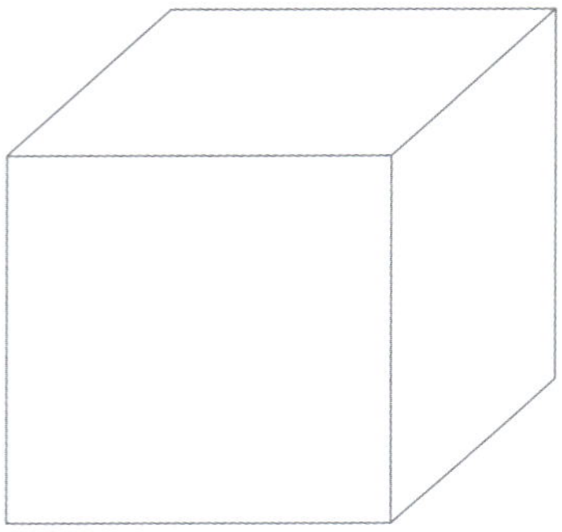

b

2 Ergänze die Tabelle.

Körper	Würfel			
	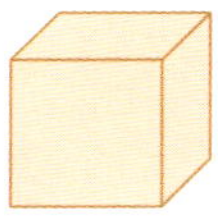		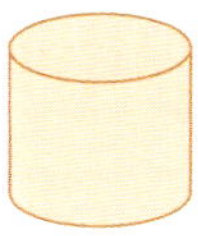	
Flächen				
Kanten				
Ecken				

1 Zum Teil sind mehrere Lösungen möglich.

Würfelgebäude

Ein Würfelgebäude ist ein Bauwerk aus mehreren Würfeln.

Beim Bauen eines Würfelgebäudes gibt es wichtige Regeln:

Regel 1: Die Würfel liegen immer Kante an Kante.

Regel 2: Die Würfel liegen immer Fläche an Fläche.

Regel 3: Es darf keine Lücke zwischen den Würfeln sein.

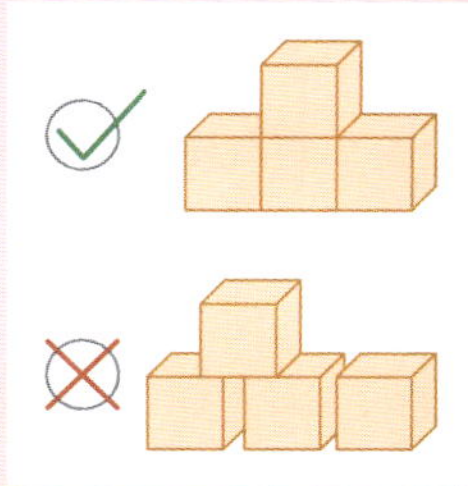

Je nachdem, aus welcher Richtung du das Würfelgebäude betrachtest, siehst du eine andere Ansicht.

von hinten

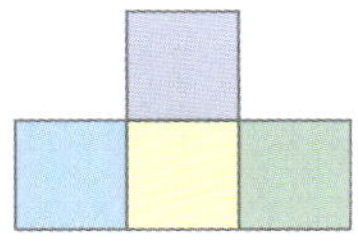

Würfelgebäude

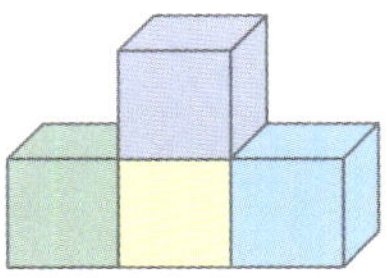

von links

von oben

von rechts

von vorne

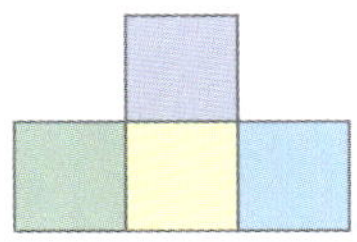

3 Aus welcher Ansicht siehst du das Würfelgebäude? Schreibe auf.

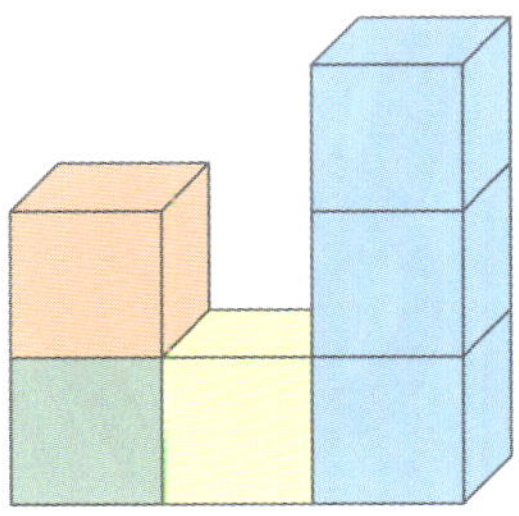

a

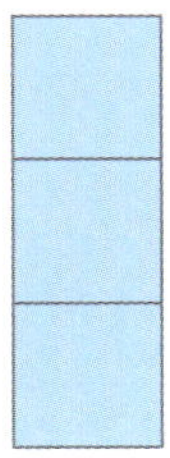

von rechts

b

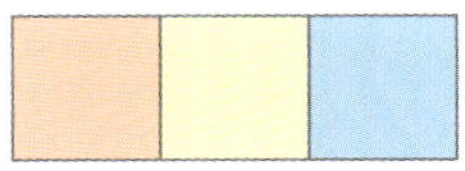

______

c

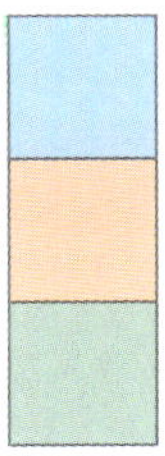

______

d

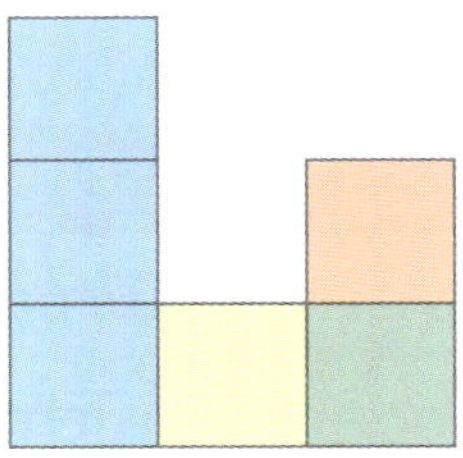

______

e

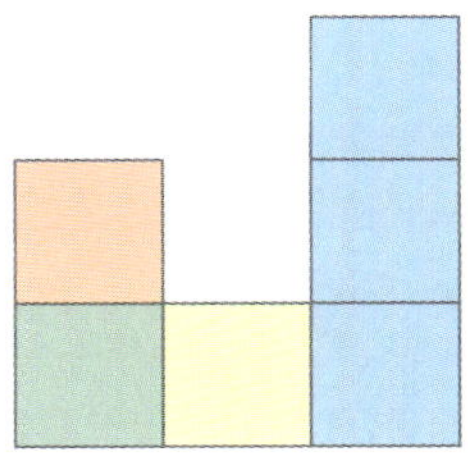

______

Baupläne

Damit du ein Würfelgebäude jederzeit nachbauen kannst, musst du einen Bauplan erstellen.

Würfelgebäude

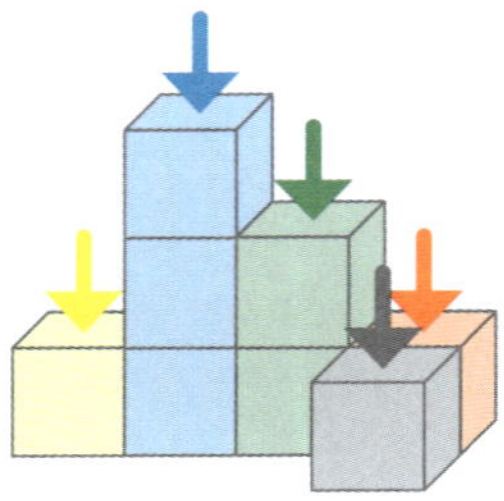

Bauplan

1	3	2	1
			1

(!) Die Zahl in jedem Feld gibt an, wie viele Würfel dort übereinanderliegen.

In einem Bauplan notierst du, wie viele Würfel jeweils in einem Feld aufeinandergestapelt werden. Er zeigt also immer die Draufsicht des Würfelgebäudes (von oben).

4 Erstelle den Bauplan für das Würfelgebäude.

a

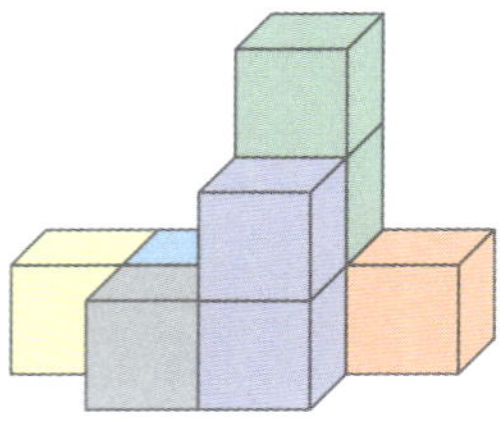

b

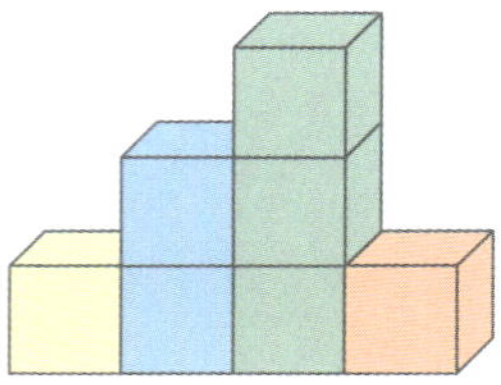

c

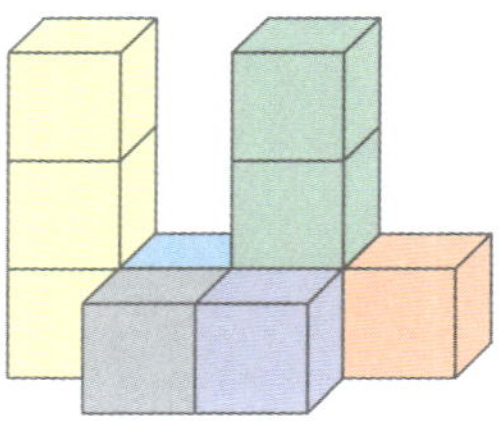

Ich kann jetzt …	✓
… die Eigenschaften von geometrischen Körpern benennen.	◯
… einem Würfelgebäude verschiedene Ansichten zuordnen.	◯
… Baupläne von Würfelgebäuden erstellen.	◯

1 Setze das Muster fort. Male an.

Tipp
zum Lösen der Aufgabe: Merkkasten 1 „Muster“

a
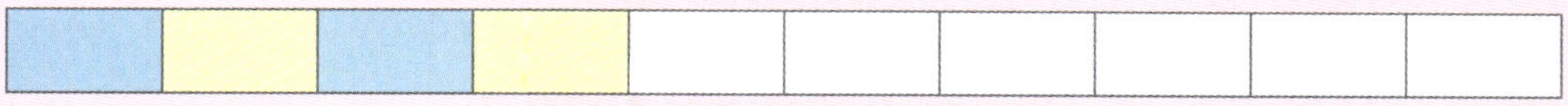

b
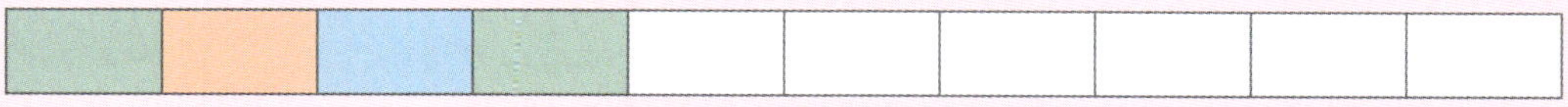

c
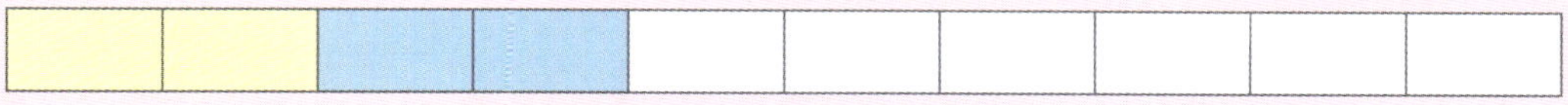

d

2 Setze das Muster fort. Verwende zum Zeichnen Lineal und Bleistift.

Tipp
zum Lösen der Aufgabe: Merkkasten 1 „Muster“

a
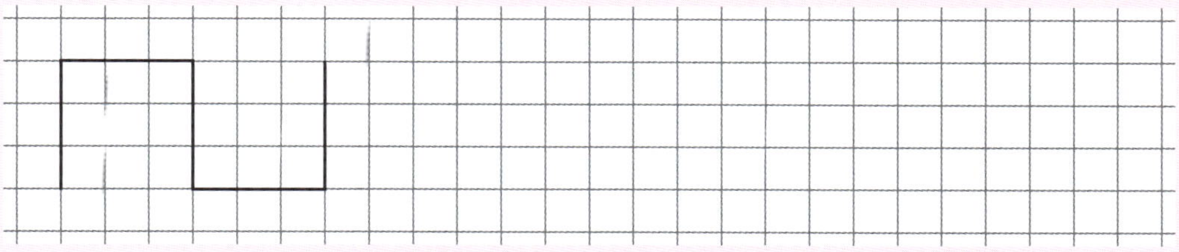

b
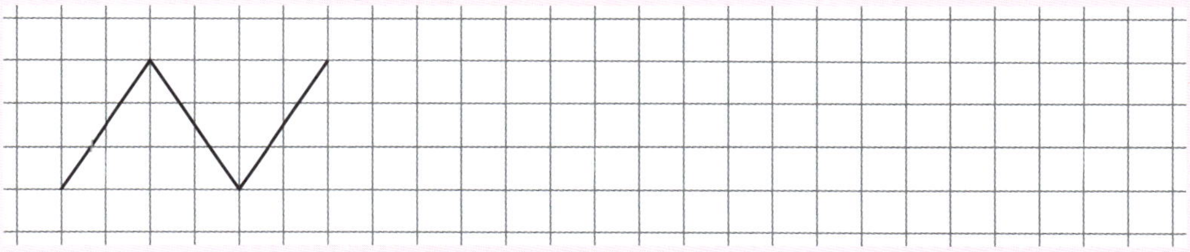

c
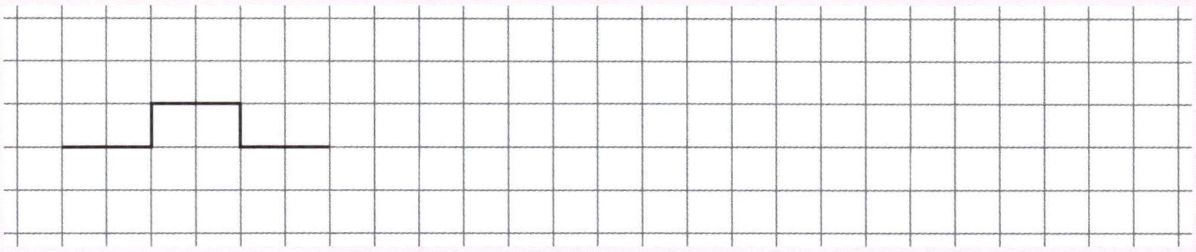

3 Setze das Muster fort. Male die Kreise blau und die Quadrate rot an.

Tipp
zum Lösen der Aufgabe: Merkkasten 1 „Muster“

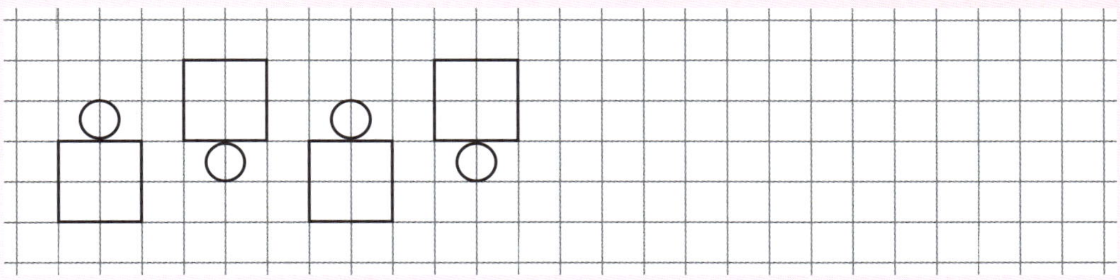

1 Muster

Muster entstehen, wenn sich bestimmte Formen und Farben wiederholen.
Ein Muster kann aus Linien bestehen.

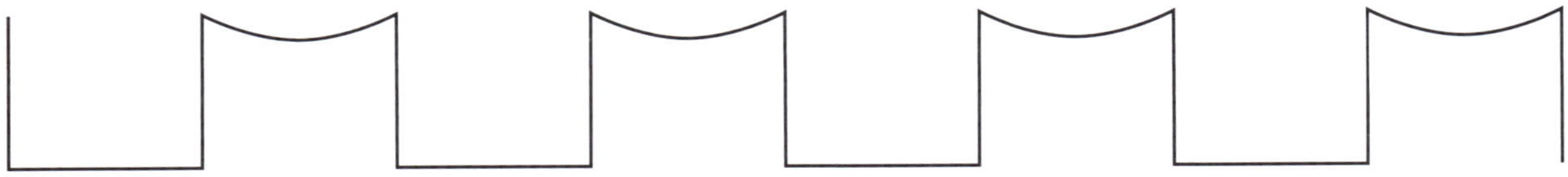

Ein Muster kann aus geometrischen Formen bestehen.

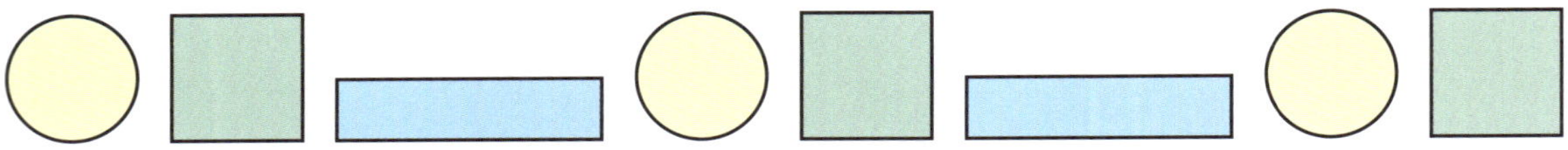

1 Setze das Muster fort. Verwende zum Zeichnen Lineal und Bleistift.

a

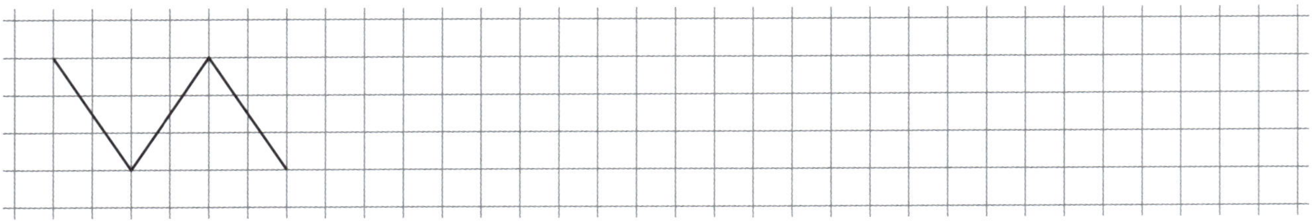

b

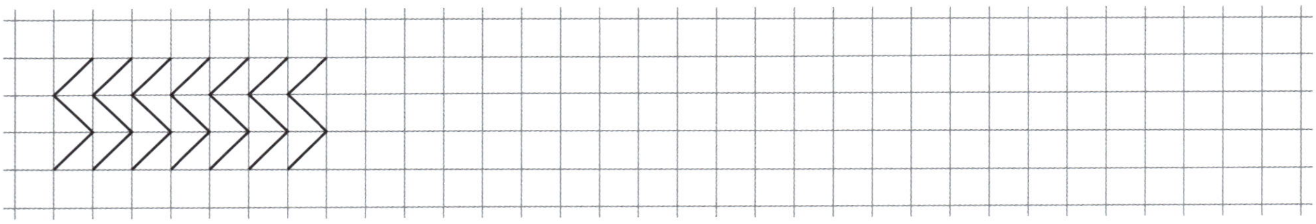

2 Setze das Muster fort. Male an.

a

b

c

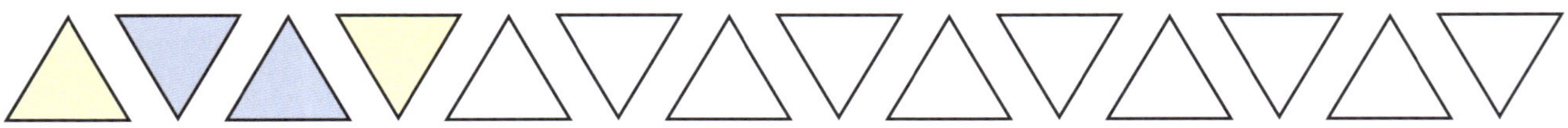

d

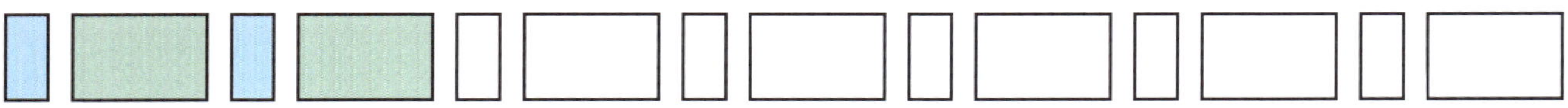

Grundmuster

Wenn du ein Muster genau anschaust, kannst du erkennen, wie es weitergeht.

„gelb – grün – blau – gelb – grün – blau – **gelb** …"

Um herauszufinden, wie ein Muster weitergeht, kannst du dir die Merkmale laut vorsagen. Bei diesem Muster muss der nächste Stern gelb gefärbt werden und die Gruppe  wiederholt sich mehrmals.

(!) Eine Gruppe von Formen, die sich in einem Muster wiederholt, nennst du Grundmuster.

1 Kannst du das Grundmuster erkennen? Kreise es ein.

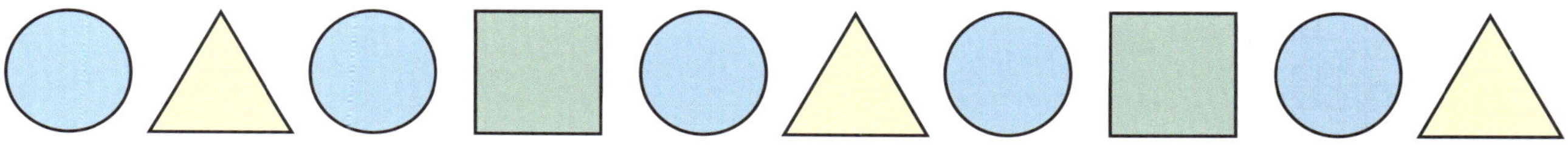

2 Setze das Muster richtig fort. Male an. Finde das Grundmuster und kreise es ein.

a

b

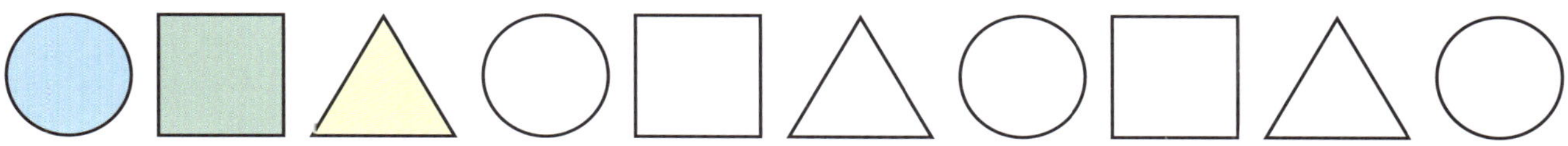

c

Ich kann jetzt …	✓
… geometrische Muster richtig fortsetzen.	◯
… das Grundmuster in einem Muster finden.	◯

1 Ist die Figur symmetrisch? Wenn ja, kreuze an.

a

b

c

d

e

f

g

h

Tipp zum Lösen der Aufgabe: Merkkasten 1 „Symmetrien“

2 Finde die passende Hälfte, sodass die Figur symmetrisch wird. Verbinde.

a
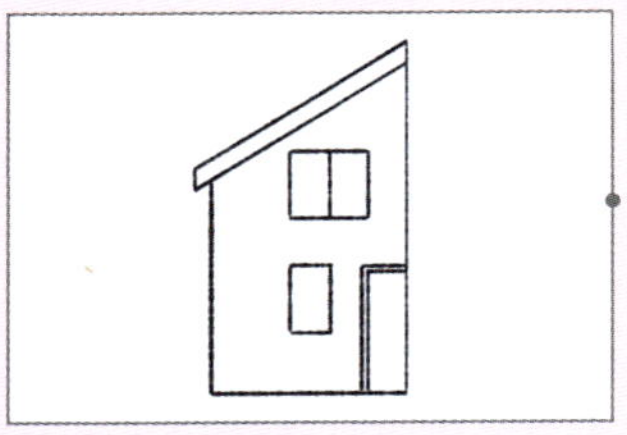
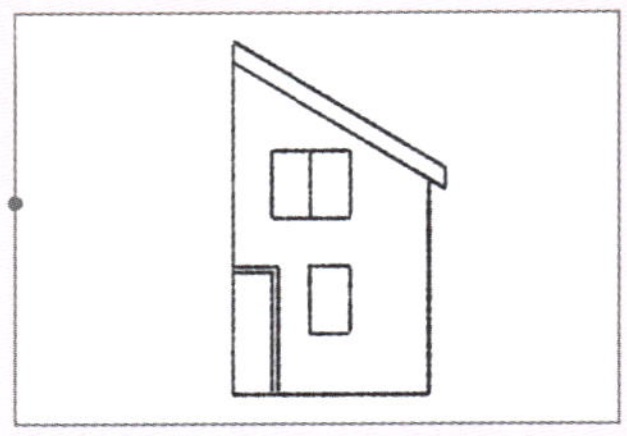

b

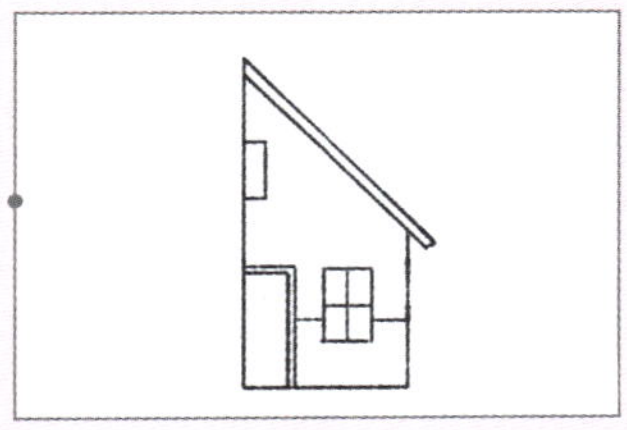

c
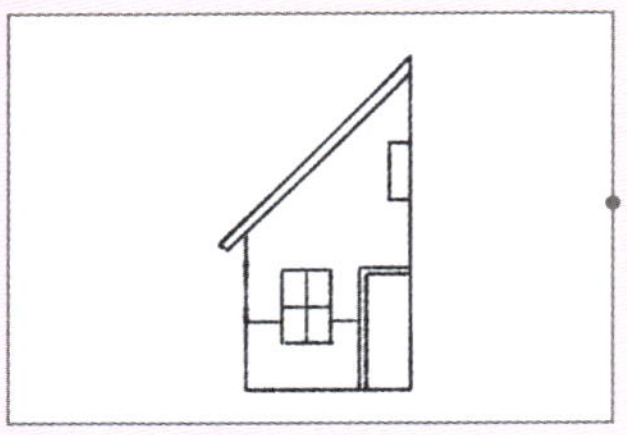

Tipp zum Lösen der Aufgabe: Merkkasten 1 „Symmetrien“

3 Ergänze, sodass eine symmetrische Figur entsteht.

a
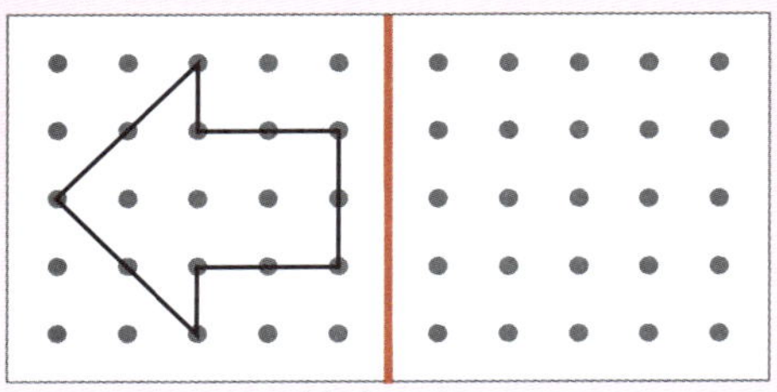

b
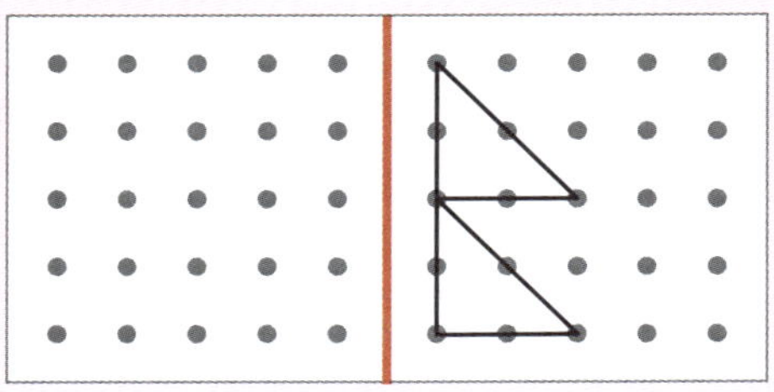

Tipp zum Lösen der Aufgabe: Merkkasten 1 „Symmetrien“

1 Symmetrien

Eine Figur ist symmetrisch, wenn beide Hälften genau gleich sind.
Das nennst du auch „spiegelgleich“. Es bedeutet, dass du in der Mitte der Figur einen Spiegel anlegen kannst, durch den du die Figur dann wieder ganz siehst.

symmetrisch:

nicht symmetrisch:

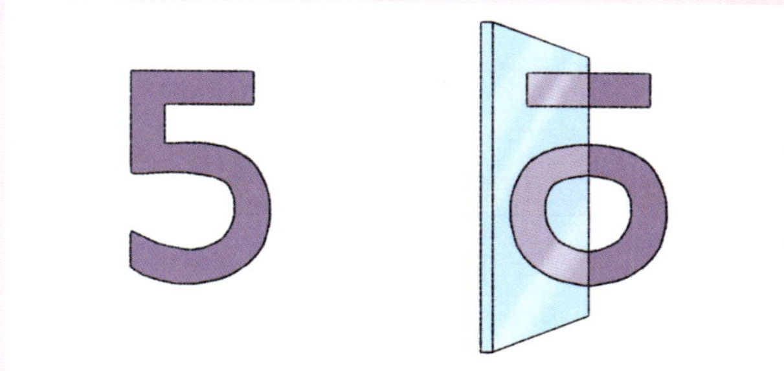

ⓘ Um zu entscheiden, ob etwas symmetrisch ist, kann es dir helfen zu überlegen, ob du die Figur so falten kannst, dass beide Hälften genau gleich übereinanderliegen.

1 Ist die Figur symmetrisch? Wenn ja, kreuze an.

a
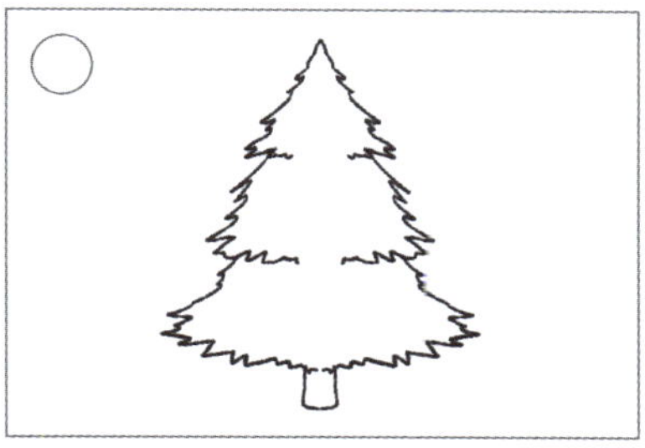

b

c
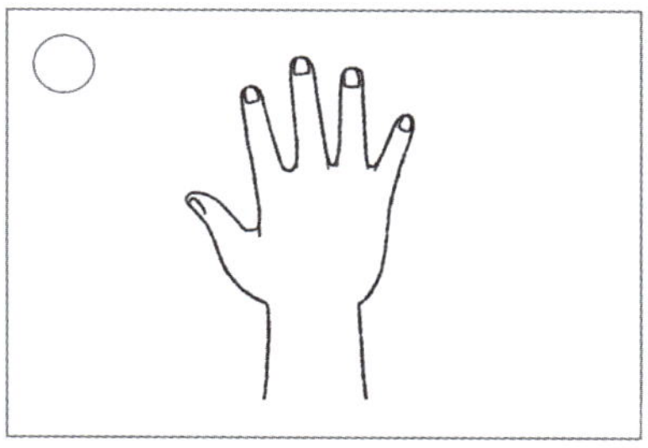

d
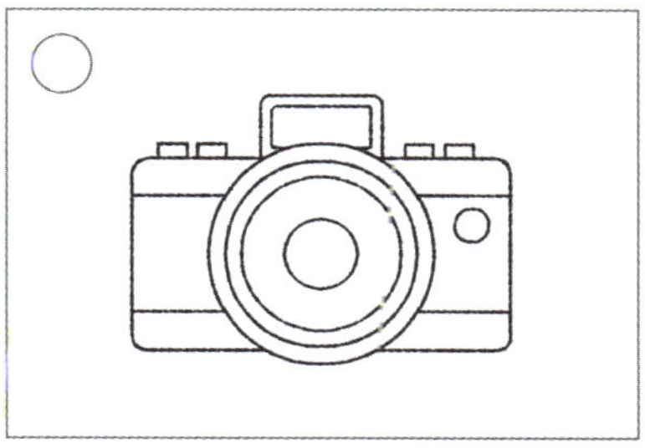

e
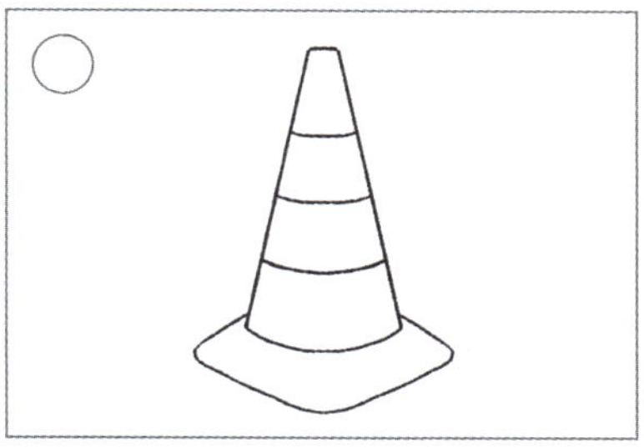

f
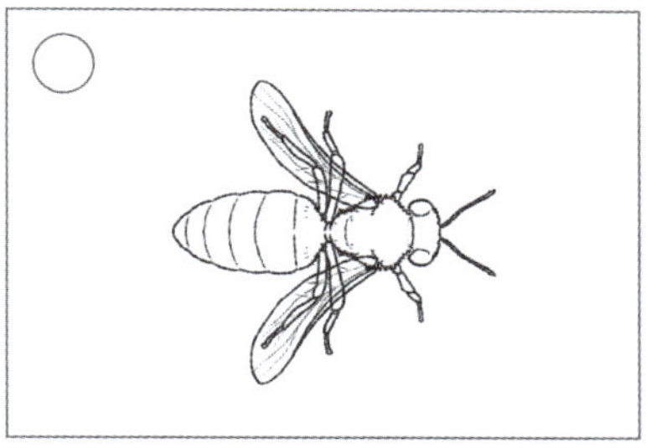

2 Ergänze, sodass eine symmetrische Figur entsteht.

a
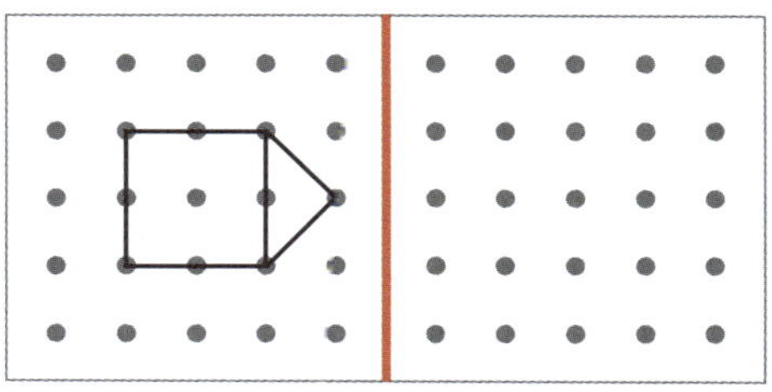

b
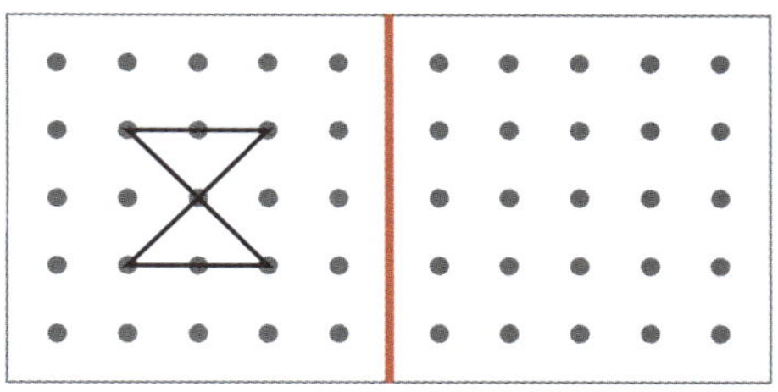

Spiegelachsen einzeichnen

Die Spiegelachse ist die Linie, die eine symmetrische Figur in zwei spiegelgleiche Hälften teilt.
Wenn du eine symmetrische Figur an der Spiegelachse zusammenfaltest, passen beide Hälften genau aufeinander.

symmetrisch:

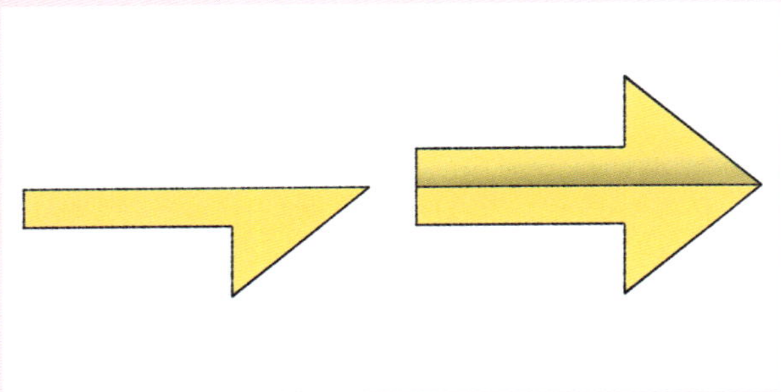

nicht symmetrisch:

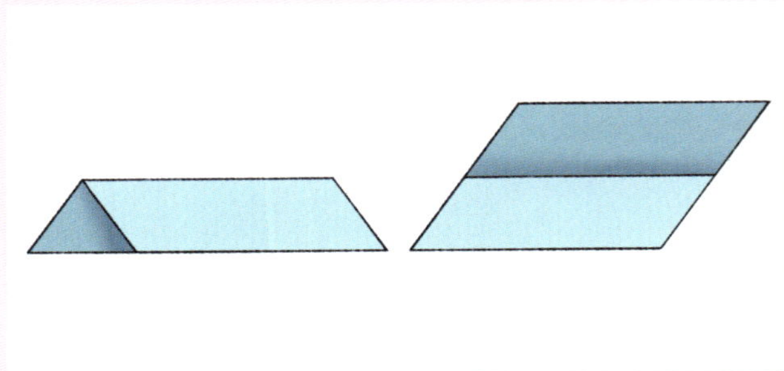

ⓘ Figuren, die nicht symmetrisch sind, haben auch keine Spiegelachse.

1 Welcher Buchstabe entsteht, wenn du den Faltschnitt an der Spiegelachse aufklappst?

a
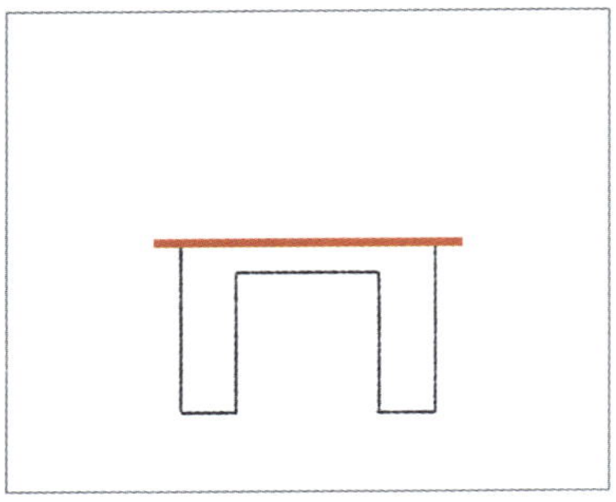

b

c
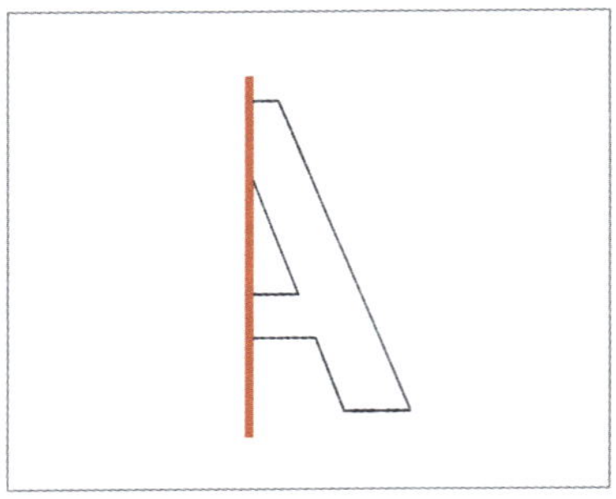

2 Zeichne die Spiegelachse(n) der Figur ein. Verwende dazu dein Lineal.

a
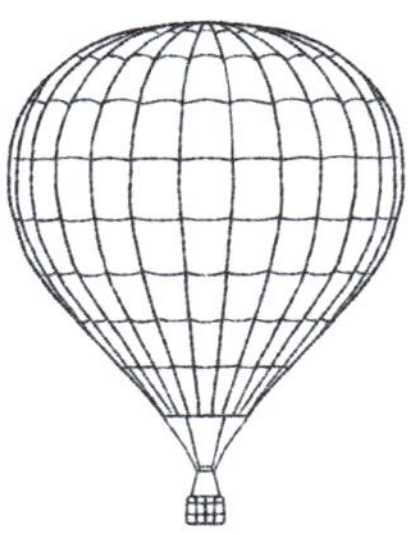

b
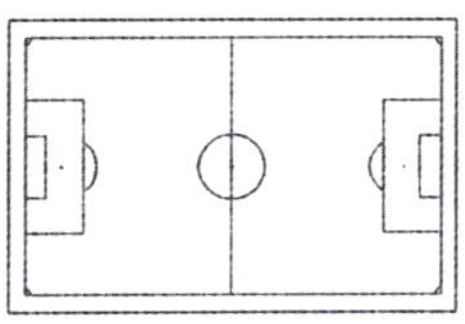

c
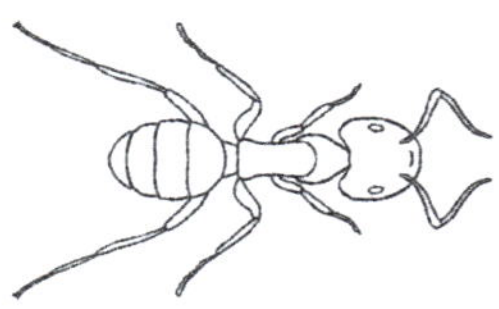

3 Zeichne die Spiegelachse(n) der Figur ein. Verwende dazu dein Lineal.

a

b

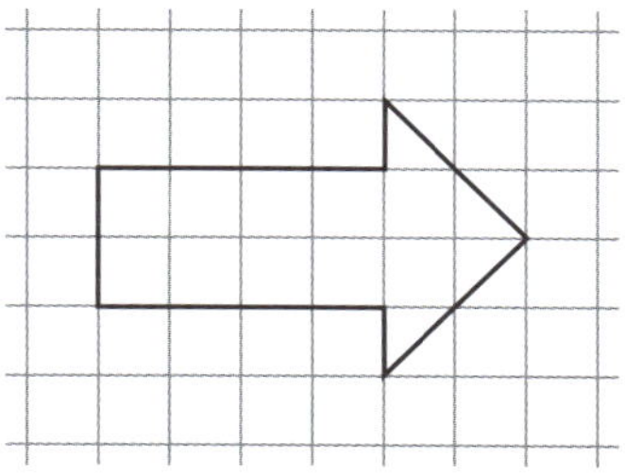

c

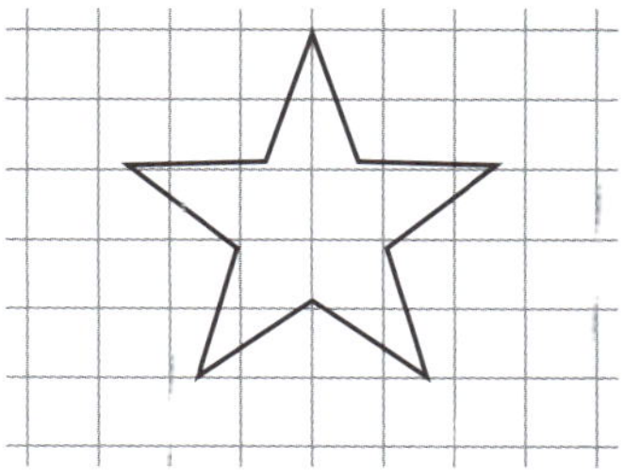

d

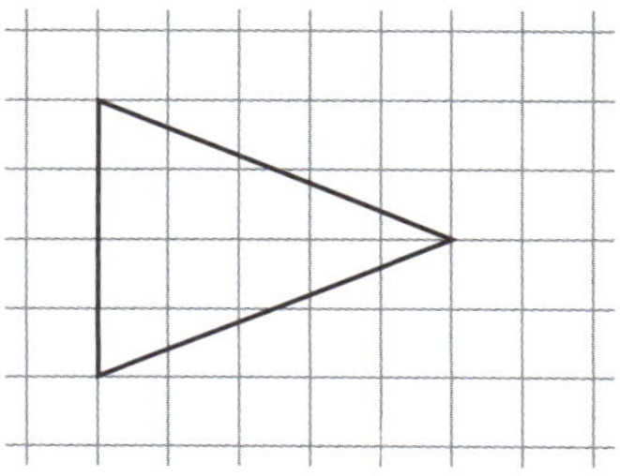

e

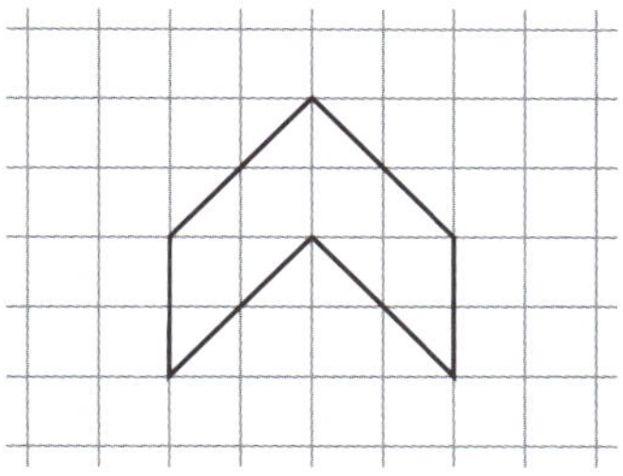

f

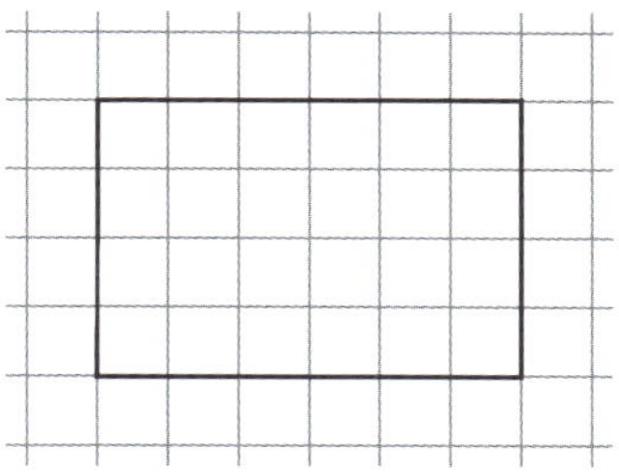

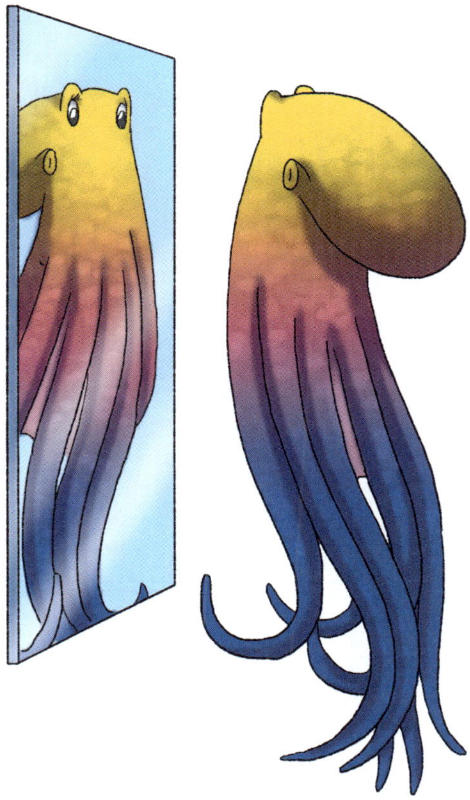

4 Wie viele Spiegelachsen kannst du finden? Zeichne sie ein.
Verwende dazu dein Lineal. Schreibe dann die Anzahl auf.

a

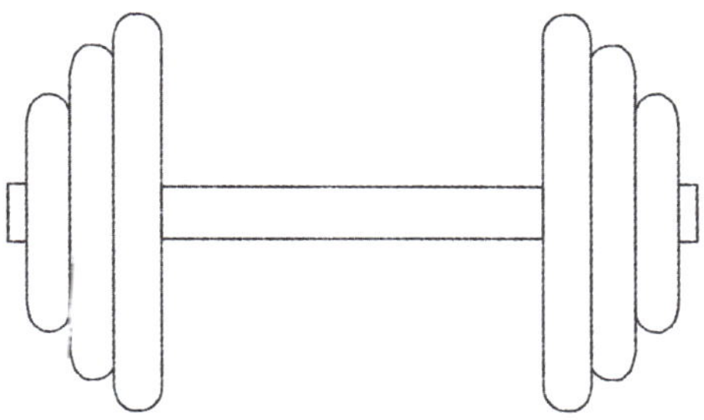

Diese Figur hat ☐ Spiegelachsen.

b

Diese Figur hat ☐ Spiegelachsen.

Ich kann jetzt …	✓
… symmetrische Figuren von nicht symmetrischen Figuren unterscheiden.	○
… erklären, was eine Spiegelachse ist.	○
… Spiegelachsen in symmetrische Figuren einzeichnen.	○

1 Das ist die Klasse 2b.

Tipp
zum Lösen der Aufgabe: Merkkasten 1 „Daten sammeln"

a Was tragen die Kinder an diesem Tag? Erstelle zu jedem Kleidungsstück eine Strichliste.

Kleidungsstück	**Strichliste**
Hose	
Rock	
Kleid	
T-Shirt	
Pullover	

b Ergänze die Tabelle.

Kleidungsstück	**Hose**	**Rock**	**Kleid**	**T-Shirt**	**Pullover**
Anzahl					

2 Schreibe eine passende Fragestellung zu der Umfrage auf.

Tipp
zum Lösen der Aufgabe: Merkkasten 1 „Daten sammeln"

Eis	**Vanille**	**Schokolade**	**Erdbeere**
Anzahl	0	3	5

Frage: ____________________

2 Mehrere Lösungen sind möglich.

1 Daten sammeln

Um Informationen zu einem Thema zu sammeln, kannst du eine Umfrage machen.

Schritt 1: Überlege dir eine Frage zum Thema deiner Umfrage.
Schritt 2: Stelle vielen Personen deine Frage. Notiere ihre Antworten.

Thema: Lieblingsfarbe
Frage: „Was ist deine Lieblingsfarbe?“

Am Ende der Umfrage erhältst du „Daten“.
Du kannst Daten unterschiedlich sammeln:

Strichliste

Gelb: ~~||||~~
Rot: ||

(!) Denke an den Querstrich bei 5.

Tabelle

Lieblingsfarbe	**Gelb**	**Rot**
Anzahl	5	2

1 Tessa Tinte und ihr Freund Toni können ihre Tentakel bunt färben.

a Fertige eine Strichliste zu den Farben ihrer Tentakel an.

Tentakelfarbe	**Strichliste**

b Ergänze die Tabelle.

Tentakelfarbe				
Anzahl				

2 Schaue dir die Tabelle genau an.

	zu Fuß	**mit dem Auto**	**mit dem Fahrrad**	**mit dem Zug**
Anzahl	12	5	4	0

a Welche Umfrage könnte die Tabelle abbilden? Kreuze an.

Lieblingstier der Klasse ◯ Weg zur Schule ◯ Lieblingsfach ◯

b Begründe deine Wahl.

____

____

____

3 Zu welchem Thema könntest du in deiner Klasse eine Umfrage machen? Ergänze die Tabelle.

	Thema	**Fragestellung**
a		
b		
c		

4 Finde den Fehler in der Strichliste. Umkreise ihn rot und verbessere.

Haustier	**Anzahl**	**Strichliste**	**Verbesserung**
Hund	7	𝍸 ||	
Katze	9	|||| ||||	
Hase	3	|||	

2 Zum Teil sind mehrere Lösungen möglich.
3 Mehrere Lösungen sind möglich.

Daten auswerten

Nach einer Umfrage, kannst du deine Daten auswerten.
Dafür musst du dir die Angaben genau anschauen.

Schritt 1:	Welche Daten wurden bei der Umfrage erhoben? Worum geht es?	Lieblingsfach
Schritt 2:	Welches Merkmal wurde am häufigsten genannt?	Mathe
Schritt 3:	Welches Merkmal wurde am wenigsten genannt?	Deutsch
Schritt 4:	Gibt es Merkmale, die gleich oft genannt wurden?	Kunst, Musik

Umfrage: Mein Lieblingsfach

Fach	Deutsch	Mathe	Kunst	Musik
Anzahl	3	5	4	4

(!) Manchmal kannst du nicht alle Fragen beantworten.

1 Schaue dir das Bild von Tessa und den Meerestieren genau an.

a Ergänze die Tabelle. Zähle nur die Tiere, die die gleiche Farbe wie die Spalte in der Tabelle haben.

Meerestier	**Strichliste**	**Anzahl**
Tintenfisch		
Krebs		
Hai		
Fisch		

b Werte die Daten aus und beantworte die Fragen.

Welche Meerestiere gibt es am meisten? ______

Welche Meerestiere gibt es am wenigsten? ______

Kommen zwei Arten gleich oft vor? ______

2 Du siehst das Ergebnis von Tessas Umfrage „Mein Lieblingssong". Beantworte die Frage und begründe deine Antwort.

Lieblingssong	 **„Unter Wasser"**	 **„Tintenfisch-Rap"**	 **„Krabbensong"**
Anzahl	10	18	12

Frage: Was ist der Lieblingssong von Tessa Tinte?

Antwort: ______

______

Ich kann jetzt …	✓
… Daten sammeln und verschieden darstellen.	◯
… Daten auswerten.	◯

2 Mehrere Lösungen sind möglich.

1[1] Nach dem Spielen liegen alle Seesterne auf einem großen Haufen. Kannst du Tessa Tinte helfen, sie wieder aufzuräumen?

Tipp
zum Lösen der Aufgabe: Merkkasten 1 „Kombinatorik"

a Finde alle 10 Möglichkeiten, welche beiden Seesterne du zusammen in eine Box legen kannst – zweimal die gleiche Farbe ist erlaubt, die Reihenfolge der Farben in einer Box ist egal. Male an.

b Wie viele Möglichkeiten bleiben übrig, wenn du nicht zweimal die gleiche Farben nehmen darfst?

____

1 Zum Teil sind mehrere Lösungen möglich.

1 Kombinatorik

Um herauszufinden, wie viele Möglichkeiten es für die Lösung einer Fragestellung gibt, kannst du entweder ausprobieren oder rechnen. Diesen Teilbereich der Mathematik nennt man „Kombinatorik".

Folgende Tipps helfen dir beim Herausfinden der Möglichkeiten:

Tipp 1: Zeichne oder male dir die verschiedenen Möglichkeiten auf.

Tipp 2: Verwende Abkürzungen, das spart dir Zeit (Beispiel: r für rot).

Tipp 3: Lasse eine Möglichkeit an der gleichen Position. Tausche die zweite Möglichkeit der Reihe nach aus.

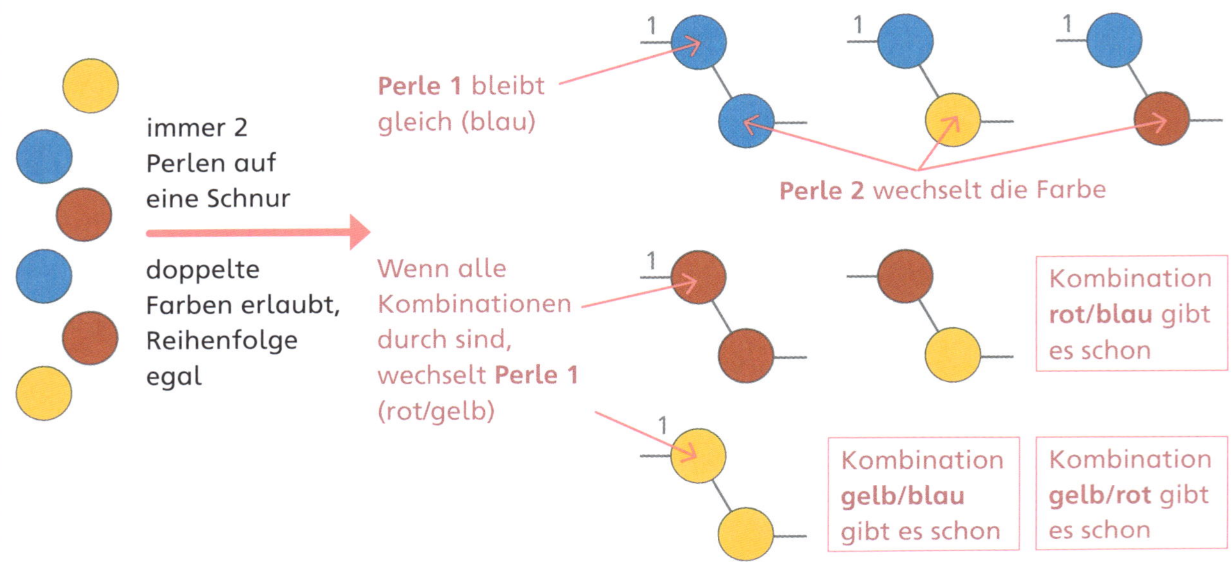

1 [1] Du darfst dir 2 neue Sticker für dein Stickeralbum aussuchen. Du kannst entweder 2 verschiedene oder 2 gleiche Sticker nehmen. Finde alle 6 Möglichkeiten – die Reihenfolge der Sticker ist egal. Male an.

1 Mehrere Lösungen sind möglich.

Wahrscheinlichkeitsbegriffe

a

sicher:
Das Ereignis tritt immer ein.

„Ich ziehe eine Kugel."

möglich:
Das Ereignis kann eintreten, muss aber nicht.

„Ich ziehe eine blaue Kugel."

unmöglich:
Das Ereignis tritt niemals ein.

„Ich ziehe eine orange Kugel."

1 Tessa Tinte hat eine Überraschung für ihren Freund Toni vorbereitet. Er darf aus ihrer Algenschale einmal ziehen. Bewerte seine Aussage und kreuze an.

a

„Ich ziehe eine Muschel."

sicher ○
möglich ○
unmöglich ○

b

„Ich ziehe einen Seestern."

sicher ○
möglich ○
unmöglich ○

c

„Ich ziehe eine Krabbe."

sicher ○
möglich ○
unmöglich ○

2 Male die Kugeln an, sodass die Aussage stimmt.

a „Ich ziehe sicher eine rote Kugel."

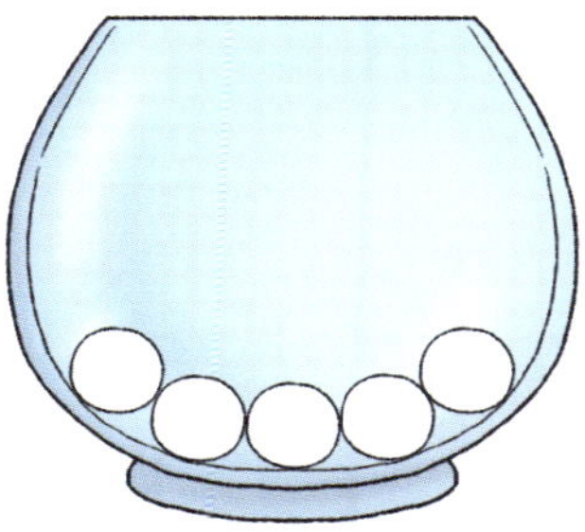

b „Es ist unmöglich, dass ich eine gelbe Kugel ziehe."

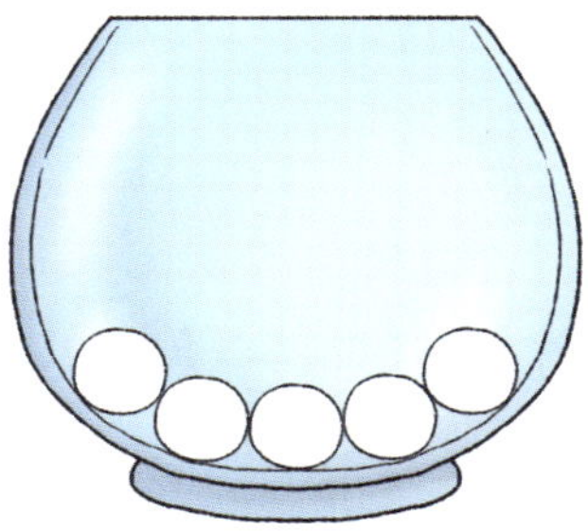

2 Zum Teil sind mehrere Lösungen möglich.

b Um noch genauer beurteilen zu können, mit welcher Wahrscheinlichkeit ein zufälliges Ereignis eintritt, kannst du zwei weitere Begriffe verwenden:

eher wahrscheinlich:
Das Ereignis tritt wahrscheinlich ein.

unwahrscheinlich:
Das Ereignis tritt selten ein.

„Ich ziehe eine blaue Kugel."
→ In der Urne sind am meisten blaue Kugeln enthalten.

„Ich ziehe eine orange Kugel."
→ In der Urne ist nur eine orange Kugel enthalten.

3 Du darfst mit geschlossenen Augen in die Tüte greifen und eine Nuss ziehen. Ergänze die Aussage, sodass sie zum Bild passt.

 Haselnuss

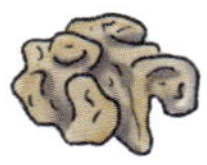 Walnuss

 Mandel

 Erdnuss

a Es ist sicher, dass ich ______________________.

b Es ist unwahrscheinlich, dass ich ______________________.

c Es ist eher wahrscheinlich, dass ich ______________________.

d Es ist unmöglich, dass ich ______________________.

e Es ist möglich, dass ich ______________________.

Ich kann jetzt …	✓
… verschiedene Möglichkeiten durch das Ausprobieren herausfinden.	○
… Wahrscheinlichkeitsbegriffe sicher verwenden.	○

3 Zum Teil sind mehrere Lösungen möglich.